UTOPIE

Ethnographies
des mondes
à venir

將來世界
民族誌

以人類學思維內在的顛覆效應
拯救世界

Philippe Descola
Alessandro Pignocchi

菲利普・德斯寇拉
亞歷山德羅・皮諾紀 ——著

宋剛 ——譯

Cet ouvrage a bénéficié du soutien du Programme d'aide à la publication de l'Institut français.
本書出版獲得法國藝文總署版權補助計畫支持。

contents 目錄

Ethnographies
des mondes à venir

前言

　　曾經有一度，我常說自己熱愛「自然」，說自己感覺有種強烈的想跟自然在一起的需要。在這方面的政治抗爭願景，我當時覺得是相當明確的：增加國家公園一類的機構，盡可能多保留自然空間，把人和他們那些破壞性活動趕出自然的邊界。然後有人拿了德斯寇拉的書給我看：特別是講他和他伴侶 Anne-Christine Taylor，在厄瓜多亞馬遜森林的阿秋瓦（Achuar）[1]印地安部落生活經歷的那本《暮光之矛》（*Les Lances du crépuscule*）。這本書對我觸動特別大，因為跟我自己最初去亞馬遜的旅行形成了呼應，我是去那裡觀察鳥類，在那邊曾經與舒瓦人（Shuar）相處，他們是跟阿秋瓦人很相近的一個族群。我那時候完全沒有人類學的概念，大概就是覺得這些印地安人是神乎其神地「親近自然」。而對於這種流口常談，德斯寇拉寫道：「說印地安人非常『親近自然』其實是一種謬論，因為他們賦予自然中的存在一種跟他們自己相等的尊嚴，所以他們對待這些存在所採取的行為，與他們自己彼此之間通行的行為並沒有什麼真正的不同。要想親近自然，首先還得要自然存在才行，而自然其實是只有現代人才具有的特殊觀念，它使我們的宇宙觀比起先於我們的所有文化所持的宇宙觀，可能來得要更詭異，且不甚友善[2]。」一個新的世界向我敞開了。

我驚訝地發現，自然這個概念，遠不是指一個客觀的現實，而是現代西方的一種社會性建構。世界上其他大多數民族都不需要這種自然與文化的二分，他們以完全不同的方式在組織人與其他生命之間的關係。所以保護自然就不可能是，像我原本想像的那樣，針對工業西方對世界造成的破壞，作出激進政治對立行動。保護與開發其實是同一種利用關係、同一種與世界的聯繫的兩個互補面向：植物、動物以及生命環境都被賦予一種客體物的身份，可以任人隨意處置，包括對它們加以保護。這並不是說，我們不應該去保護還能夠被保護的，而是說，意識到這一點能打開更激動人心的政治願景：解除自然與文化的二分，以邀請植物、動物和生命環境來分享人的社會關係。它們不再是一些需要保護的客體物，而是一些可以與之友好共生的存在，一些具有正當性的對話對象，有著它們自己的利益、欲求以及對世界的視角。與它們的關係所具有的可能，比起保護與開發這組虛假對立所允許的來說，會變得要豐富又歡樂許多。

　　於是我聯繫了菲利普・德斯寇拉，去他的社會人類學實驗室跟他見面。我勞煩他給我一些可以幫助我去阿秋瓦印地安人部落的建議：我想要自己親眼去看一看，一個人能夠每天和植物、動物交談的世界是個什麼樣子。然後，我興奮不已，揣著一本《暮光之矛》，又去了厄瓜多。

　　如果說我在阿秋瓦人那裡的生活，帶給了我非常多的收穫，他們已經變成我時常要回去看望的朋友，但就我原初的目標而言，卻相對令我感到有些失落。我痛苦地發現，做人類學研究不是幾個禮拜就可以的，特別是當你不會說當地人語言的時候……那個世界太過含蓄、太過遙遠，讓我無法從其中歸納出什麼經驗，或是一些具體的建議，可以帶回家來[3]。

　　對於我正在形成的政治生態主義敏感產生衝擊的具體情境，我要在好多年以後，才在荒地聖母鎮（Notre-Dame-des-Landes）的那片防衛區（Zad：zone à défendre）裡遭逢。我以抽象方式探索了好一陣子的東西，突然之間有了一個非常真實的存在。我被捲進一種新世界，在其中的每一個人，只要他或她願意，就可以在同一星期裡成為農人、匠人、木工、自然學家、麵包師、檄文作家、舞蹈者或是導演；所有這些活動都有機地交織在那片林地網絡之中，並且始終努力嘗試與非人共存者保持一

種友善的關係。而在我到達之後一個月，國家發起軍事行動要消滅這個我滿懷欣喜剛剛發現的世界，更使這一切不再只是修辭，而把政治衝突的概念刻寫進了我的身體裡。所幸驅離行動失敗了。防衛區雖然被改變，但是存活了下來，重建了起來。它進入了其存在的第二階段，而且到今天還非常活躍[4]。

　　這一次，換我邀請菲利普・德斯寇拉和 Anne-Christine Taylor 來看看這片土地：人們不管是不是經過反思，都非常細緻認真在解開自然與文化的二分。隨著我們對阿秋瓦人、對領土之爭、以及世界狀態的討論和爭論，誕生了書寫本書的願望。這本書希望能夠比較切實：該做什麼？我們是集體性地在被一個霸權世界碾壓，這個世界只遵循經濟的法則，植物、動物、生命環境以及數量在不斷增長的人都被指定為一類事物，供人開發剝削、利用到極致，完全無所顧忌，亦無絲毫對等責任可言。那麼，要削弱那個世界，要裂解它，要讓別的、更為平等的世界出現，讓政治權力不僅僅是公平分配在不同的人之間，而是同時以多種方式擴展到別的生命存在之上，究竟要怎麼做？

亞歷山德羅・皮諾紀

1

讓自然人類學
講政治

思考為什麼需要超越自然與文化的現代二分

亞歷山德羅・皮諾紀：我們越來越常聽到人講植物、動物、菌菇、生命環境、「生命體」或者是「非人生物」。特別會聽到說，我們勢必得徹底改變我們與這些被我們還歸納在<u>自然</u>這一個總概念之下的所有存在、所有事物的關係。在這個疫情危機、除魅世界、生態災難的時代，我們越來越清楚地感覺到，只是一些邊緣性的調整將是不夠的，時代要求我們的行為方式必須從根本上予以顛覆。這個想法正在傳播，甚至變成了時尚。而與此相應的，湧現了一波情緒狀態，有人稱之為「地球情緒[5]」，當中混合了對我們與生物之間那種破壞性的實用主義關係的厭惡，和對「別的東西」的欲求，希望能找到新的，更為親密、更為尊重的方式，去與他們連結。

這些想法以及這些情緒，我們還不清楚在政治上能夠怎麼處理。不同學科的知識人紛紛投入了生命體的課題，嘗試陪伴、滋養這一關注焦點的轉移，把那些過往被排除在外的存在接納到集體關注之中[6]。然而，從這一相對多樣的研究當中，就目前為止，還沒有冒出什麼清晰的政治藍圖，或者至少是說，我們還看不到我們與生物的連結發生轉化，究竟意味著怎樣的社會組織模式反思、制度改革、以及集體存世方式的改變[7]。這一模糊狀態使得有人批評，對生物的興趣純粹只是一個布爾喬亞

議題，只跟那些——人數是越來越少——還有閒情逸致去關注他們自身物質生存以外事物的人有關。甚至更糟糕：對植物、動物的關懷，還可能把注意力從真正的鬥爭，那些對抗著宰制了那麼多人的各種壓迫——社會經濟、政治、父權、種族——的鬥爭中分散掉[8]。

你的意見，我們很感興趣，因為一部分圍繞生命體的研究是在你的庇護之下，或多或少是以你所提的「自然人類學」為支點。我還是沿用「自然人類學」這一說法，雖說它有些弔詭，因為這一研究最主要的一項成果就在於，它指出了自然這個概念是特有於現代西方的，而世界上別的大多數民族並沒有使用與之相類的概念。換句話說，如果我們把一種研究不同人群組織人與非人關係之方式的學科稱作「自然人類學」，那麼它的一大發現就是，對我們來說如此熟悉的自然與文化的二分，這個如此深刻地構造了我們的主體性、我們的制度的區分，其實完全不具普世性，世上存在著眾多別的存有於世的方式。如果說，我們，現代西方人，把植物、動物、生命環境扔進了自然這個自主空間之中，其自有法則交由科學負責研究，那麼在人類社會的歷史尺度上，更常見的卻是，將非人存有，以這種或那種方式，構織於社會關係中。

在我跟隨你的腳步去阿秋瓦人那裡旅行過之後，我在我不同的漫畫當中都嘗試讓自然人類學所發展的一些觀念「動起來」，拿它們去觸碰政治。到目前為止，這一嘗試我主要是以一種荒誕幽默的方式在做[9]。這次我希望能夠以一種更古典的方式，介於漫畫與論述之間——可能更接近論述而非漫畫——就是對話的方式，去深化這個問題。通過討論，有時候是互相反駁，我希望能夠明晰自然人類學的政治向度，能夠逐漸放下一切所謂中立的態度，以求具體說出這個學科對於思考和推動當下以及未來的抗爭，能夠帶來怎樣的貢獻。

菲利普·德斯寇拉：這些的確是一些對我來說越來越重要的問題，我很高興有機會在和你的這場對話中加以展開。首先要說明，「自然人類學」這一表述的弔詭性是故意的。這是我四十年前給我在高等社會科學院（EHESS），後來在法蘭西學院（Collège de France）開設的課程，起的一個有點挑釁的課名。我想用一個顯然矛盾的

名目在人類學當中劃出一個新的領域來。因為好幾個世紀以來，在歐洲，自然都是以人的缺席為特徵；而人，則是以他們克服自身的自然性為特徵。所以用語本身的自相矛盾——即所謂矛盾修辭——在我看來，對我感興趣的這一學術領域正是一種頗有提示意義的指稱方式，因為它一方面指出了現代思想的一條死路，同時又標示了一種可以從中解脫的方法。現代思想把人與非人普世性地預設區分在兩個截然分開的存在領域，文化與自然，所以要去理解不存在這樣一種區分的別的構成世界的方式時，就會遇到障礙，尤其是人類學家所研究的那些世界。就像我在阿秋瓦人那裡意識到的一樣，自然並非對所有民族來說都是作為一種自主現實領域存在的。這也是我在回來以後，開始以一種比較方式研究這些問題時，越來越清楚看到的，這種把人與非人分隔開來的趨勢，也就是「自然主義」，在人類歷史上其實才是例外。於是我把這個新的研究領域稱作「自然人類學」，目的不只是要去理解，為什麼有那麼多人會認為我們，現代人，稱為「自然」的存在，是具有社會屬性的，以及他們如何認定，而且也要理解為什麼我們現代人會認為有必要把這些實體從我們共同的命運當中排除出去，又是怎樣排除的。如今，這個研究領域，在法國還有國外，已經取得了自主性，同時又保留了我在一開始給它起的名字。因為它的矛盾性，這個名字有一個優點，就是它提出了一個開放的問題，而不是提供了一種最終的答案，而這正是科學與哲學方法的特點。話雖如此，正如普魯斯特所言，「今日悖論，明日偏見」，如果自然人類學最終贏得了它的地位，那麼很可能，某一天，它也會變成一種成見，需要重新被質疑。

亞歷山德羅：我們要立刻強調一下，我們使用「自然主義」這個概念，是在你給它的一種很特別的意義上。這個概念是指現代西方人對世界的關係，對他們而言，存在一種叫作「自然」的東西。這個範疇所涵蓋的各種各樣的事物、現象及存有，是與邊界另一側所發生的完全不同，那邊建構的是人類社會，是文化多元。所以「自然主義」這個詞與其通常用法意思不一樣，它通常是指熱愛植物、動物的人。有一些自然主義朋友就對你選擇這個詞彙多少有些怨懟，因為有時候在一些介紹你觀點的報章雜誌裡，我們會看到「自然主義者要對生態危機負責」這樣的說法。不過還好，

我們可以原諒你，因為這個詞的確是符合你所提的用法的。

菲利普：那我們再來看自然人類學的政治向度，的確這一向度潛存了很長時間，我們對話的一個目的就是要把它展開來具體論述。不過，我們現在就可以說，針對工業資本主義——在某種意義上即自然主義的武裝力量——對世界所造成的災害，我們要構想替代方案，唯一的方式首先就是要正確指認到底要對抗的是什麼。無論我們要多感謝十九世紀社會主義的偉大思想家，從傅立葉、普魯東到馬克思、恩格斯，在分析工具上面所做出的貢獻，我們都得要承認，他們不曾意識到，把解放勞動者與提升生活福祉——即所謂「提高生產力」——連結在一起，就意味著要讓地球承受一種殘酷無情的資源開發，而最終地球將是無法承受的。我們走到了這個終點。這種盲目，直到非常晚近的時代，都還是自由主義思想者和社會主義思想者的共通點。在馬克思那裡，那是他思想演變的結果，其政治後果到現在都還繼續產生影響。他青年時期的作品，還受黑格爾的影響，看待自然會認為它既是被人的活動塑造的，亦即是說，會被人認知它的方式所改變，同時又以其自身的物理特性，與之有部分的區別。人與自然相互影響。而後來，尤其是在《資本論》當中，他特別關注資本主義的剝削機制，自然變成了經濟活動的一種條件，一種在理論上永不枯竭的物質基礎。然而，如果說馬克思提出的對資本主義剝削運作機制的分析仍然是正確的，我們卻在過去的幾十年當中不得不認識到，把自然當作一種外在於人的現實，一種可以任人處置的資源來對待，會造成的後果之可怕，在過往是無法想像的。這正是自然人類學對自然主義宇宙觀的區分特徵所做的分析，幫助我們認識到的。

亞歷山德羅：自然人類學走向政治的第一小步，就是宣告自然主義今天必須要被超越，我們必須集體性地走出自然與文化的二分，走向一種讓人的活動與別的生命存在的活動更為密切結合在一起的對待世界的關係。而通常會被提到的最主要的原因，就在你剛剛所指出的，自然主義與生態危機之間的關聯性上。

菲利普：宣稱自然主義是唯一要對地球災害、資本主義剝削以及全球暖化負責的，

可能有些太過簡單化。但它確實是深深地與這些問題相連的。它並非一種直接的原因，但卻是其中的一個條件。從十七世紀歐洲開始提出人與非人在法理上的分離開始，非人存有便無可避免地會轉化成我們稱作自然的這樣一種無聲的集合：同時是科學調查客體對象，又是人類物質財富的供應源，還是我們思考社會生活的象徵與隱喻提供者，而在浪漫主義興起以後，則是逃離都會生活的退隱空間。一旦這種分裂完成了，那麼巨大的現代幻覺就可以展開了：以技術的無限進步為方法，通過「利用」地球，達成財富的無限增長。自然主義因此具有兩面性。它把自然當作一種中性的、可數學化的調查對象時，它使科學的發展成為了可能；而在把人類，某些人類，提高到自然之上時，又把人，某一些人，應該被承認擁有不可剝奪的權利的觀念，變得可以接受。但是自然主義也為掠奪地球資源提供了土壤，而首先就是歐洲殖民主義的擴張。通過殖民擴張，通過把領土掠奪與在地或進口人群的強制勞動組合在一起的方式，一些規模有限的歐洲國家，比如英國，便能在海外推行他們在歐洲已經開展的對公共財的商品化政策。憑著莊園經濟，這些國家積累起了發動工業革命所需的資本。新世界的森林及其居民、非洲來的奴隸，變成了大量廉價之「物」，牟取可觀利潤的工具，而這些利潤，隨著勞動的機械化與世界貿易的控制只可能不斷增長。簡單來說，資本的積累不只是以對工人無產階級的剝削為代價，同時也是以對世界其他一大部分的物化與掠奪為代價的。所以自然與社會之間的對立，早在十八世紀，便已展現為一種政治性的區分，一邊是存在於自發原始狀態的人與物，需要通過紀律和勞動加以控管——野蠻人、窮人以及那些被認為是待人征服的處女地——，另一邊則是相反被放在文明這一側，亦即是對人與資源的理性開發上的統治者。質疑自然與社會的二分之普世性，也就是要指出這一組典型的自然主義概念是如何在表述一種試圖被證明為理所當然的階序，在其中某一些人可以對別的人，以及非人存有，施加他們的權力。

亞歷山德羅：有人可以回答你——很多有產／領導階層[10]成員可能會這樣對你說——我們可以把自然主義與對地球的無限剝削分開來。只要我們賦予「自然物」一種足夠高的經濟價值即可。最激進的一些自由主義經濟學家甚至會對你說，很有可能，

隨著自然資源及空間的稀有化，這種平衡可以憑藉市場法則自然達成。最溫和的那些可能會提議，把這種價值交由國家來設定，或是任何別的足夠強大的體制，比如說，一種民主機構來定。

要反駁這一觀點最根本的論據，簡單地說，就在於對多樣性的追求，這一點我們回頭再詳細論述。自然主義現在已經是獨霸天下，在地球處處施展著它強大的同質化力量，這或許是我們要嘗試裂解它，好為別的存世方式保留一些空間，最好的理由所在。但是也有許多別的、更具體的理由，讓我們相信，自然主義與地球的破壞是不可能真正分開的。

我們的自然概念把我們與非人的關係限縮在一種只能在剝削與保護之間做單項選擇的處境中，這在那些被高強度農業與都市化破壞的區域，與一些試圖把「自然」放在保護罩之下的 —— 小小的 —— 國家公園交替存在的土地上，格外明顯 [11]。這兩種我們以為是對立的關係模式，其實只是同一種利用關係的兩種變形，在這種關係中，非人只是透過它們相對於人所具有的功能（資源、生態系統、審美觀賞等等）而存在。開發與保護這組虛假選項其實是扭曲的：人決定保護，也很容易改變想法，去開發 [12]。而反方向上情況就複雜多了。一片土地的政治經濟處境任何最小的易動，都能讓保護倒向開發，而回頭之路，縱使真有生態修復的案例，卻將不會那麼輕而易舉。這種不對稱性會引發一種棘輪現象，使得最終會是無可挽回地只能通向完全的毀滅。

此外，自然主義把我們封閉在其中的這種利用關係，從心理學角度來看，是非常貧瘠的。它基本上就是歸結於一種成本／利益的計算，而他方僅僅是透過我們當下利益這一個視角在被評估的。相反，社會互動在認知層面上卻是要豐富許多，這些互動帶有一系列的情感光譜，動員著人的通感天賦，和我們賦予他人慾望與信仰的能力。當然，在西方有時也是可以與家中的動物建立情感關係，或是嘗試把自己放到一頭野獸的位置，去想像牠的生命是什麼樣子的，但是結構住我們的制度以及我們集體性地與非人連結的關係模式，卻是被實用主義所主宰的。我們可以想像一個在泛靈主義集體中，也就是在一個自發認定圍繞我們的每一棵樹、每一個動物都是一個可能的對話者，有著它們自己的性格的群體中，完成其社會化的人，走在森

林裡，與同一片森林只被認知為「自然」或是「環境」，被看作是一個資源集合或是一種單純佈景的人相比，他的感受會有多麼豐富而激動人心。Léna Balaud 和 Antoine Chopot 說自然主義的到來，是社會關係的一次全面萎縮，是對等責任運作空間的一次窄化[13]。

菲利普：雖然我對阿秋瓦人和他們的語言相當熟悉，我還是不敢說我能夠瞭解他們在森林裡行走時的情感和主體經驗，這個經驗與一位歐洲巡山員的會有什麼樣的區別。我們只能說，自然主義是一種過濾網，跟別的存有論濾網一樣不完美，所以篩漏過來的東西當然遠不只自然主義直覺。對世界的經驗是經它格式化的那些人，它不會限定他們一直都像是從一本認識論教科書裡出來的純粹認知主體那樣去認識世界。我們每個人都可能有機會體認到與植物、動物、河流、山脈相伴的經驗，感覺自己與它們分享共同的命運，對它們所遭受的攻擊感到震驚。一個分子物理學學者，所受的教育讓他會把自然的各種元素看作是可以通過計算加以客體化、度量化的現象與存在，但他也可以是一個充滿激情的鳥類學家，或是一位野生動物的愛好者。在他沒有去追蹤夸克（quarks）或是渺子（muons）的時候，他可能是沉浸在附近的某一座森林裡，在那裡，每一聲鳥叫、每一次樹梢間的飛翔、每一株蕨類植物在大樹腳下伸展它的爪子時，都可以在他身上喚醒一種親近陪伴的感覺，就跟他在與他的某些同類在一起的時候一樣。Maurice Genevoix 在小說《Raboliot》裡面，講的那位在索洛涅森林的盜獵者，比起某些當代的阿秋瓦人可要泛靈主義多了！

亞歷山德羅：在西方，當然是有某些孤立的個體，或是一些小小的群體，可以發展出一種對非人生命特殊的敏感，能夠關注它們的利益。但這都恰恰是些孤立的個案，並沒有什麼真正在制度上的反響。我們稱之為「存世方式」的東西，是不同的個體行為、感覺以及思考方式，與這些方式交織其間的制度，透過一系列複雜的相互決定關係，所產生的交會。「制度」在這裡應該被理解為一種很廣義的，也就是包含了所有，明確與潛在地，組織著一個集體之生活的結構。而總的來說，自然主義制度都會促動我們與非人發展實用主義關係，阻止我們對它們抱持社會關懷。一個小

型養殖業者給他的每一頭動物都起一個名字，也就與牠們進入到一種共鳴通感狀態，發展出來的關係模式是跳脫了自然主義的。但是制度會推動他擴大業務、提高產能、服從那些與這種共情狀態直接相悖的經濟邏輯。他受困其中的那些制度性結構，會強迫他把他的動物看作是物，看作是生產資源 [14]。我沒有看過《Raboliot》，不過你說故事講的是一個盜獵者，可能也別有深意：他是在主流法則外的邊緣人。

超越自然主義於是意味著要改變制度，讓制度去塑造與其今日方向完全相反的觀念與做法。後自然主義的制度不再會促使我們去物化非人生命，開發剝削它們，而是要動員我們，在我們與它們的關係當中，開啟我們的社會能力，不再把它們看作物質，而是當成生命的夥伴。在這種超越自然主義的期許當中，別的民族不是一些我們需要跟隨的榜樣，而是我們靈感的泉源。人類學也就變成了一種「知性干擾工具 [15]」庫，幫助我們去思考我們自己，去想像未來會有多種多樣的可能，而不再是一條早已劃定的通往災難的唯一路徑。那些塑造了我們與世界的關係的概念，的確只有在我們能夠想像它們的反面，能夠感受到它們的相對性之後，才能夠變成我們思考的對象。人類學讓人可以做到這一點，它給我們的行為方式提供對照，讓批判思想得以捕捉到我們與世界的關係當中，那些因為稀釋在慣習和常理中，而容易被忽略的面向。要讓自然人類學具有政治意義，需要動員的是整個人類學，因為在我們要質疑自然與文化的二分時，是我們最根本的那些概念都會裂解，會需要重組：而首當其衝就是經濟的概念，但是也包括勞動、進步，甚至國家等概念。

菲利普：還遠不止於此。因為社會科學的那些關鍵概念，像是「文化」、「自然」、「社會」、「歷史」、「經濟」、「政治」、「宗教」或是「藝術」等等術語，首先都是用來命名十七世紀初到十九世紀末，正在歐洲勃興顯現的一些現實。當然，這些詞彙在歐洲語言的語彙中原本就已經存在，因為它們都來自於拉丁文；但是它們的意義在它們被用來指稱一些新的進程時發生了改變。「自然」這個詞是從拉丁文動詞 nascor，也就是出生，衍生而來的，所以是帶著一種自身發展的概念在裡面——當時人們主要用它來表述希臘文的 phusis 概念，也就是令一種存在自己能夠是其所是的根本內因—— 從十七世紀開始，逐漸被用來指稱外在於人的，一切以其自身規定

性為特性的事物。「經濟」這個詞是從希臘文 *oikos*，家戶，這個詞衍生的，本來指的是對家務事務的良好管理，卻變成了一個完全是在另一種尺度上，形容商品的生產和流通的用語。「社會」這個詞在拉丁文裡是指人們的一種協作組織，而在啟蒙話語和彼時剛剛出現的社會學用語中，卻變成了定義人之人性的那套最典型的規範制度。諸如此類不一而足。這種滲透舊詞而萌生新概念的潮流，跟隨著自然主義的出現與發展，因為必須要給歐洲正在經驗到的一些全新的現象與進程一種說法：將非人存有逐出基督教宇宙觀、商品與社會空間的自主化、由進步理念引導的積累性時間觀念，即所謂歷史演變的出現等等。

由於它們生成在這樣的條件下，所有這些我們如此熟悉的關於人類生活的概念，就都牽涉到一個特定歷史情境，就是正在從舊制度的神權政治控制之下解放出來，正在發明工業資本主義的歐洲。但是，儘管這些術語所指稱的對象有著這樣絕對的特殊性，人類學卻還是把「社會」、「經濟」、「文化」、「自然」或「歷史」當成一些具有普世性的分析與描述範疇，去理解和詮釋那些在非洲、大洋洲、亞洲和美洲進行的殖民擴張過程中，所觀察到的實踐與制度。歐洲思想這麼做，就是在世界當中去剪裁出以它自己為標準的衣服，完全不曾想過它們是否適合穿在與自己不同的機體上。因為要在非洲或是玻里尼西亞那些神聖王國體制的宇宙社會組合當中，認出盧梭或是涂爾幹所謂的「社會」，或是要在亞馬遜人與他們食用的植物或是動物之間建立起來的個人關係網絡當中，看出亞當‧斯密和杜閣（Turgot）所定義的經濟領域，都是非常困難的。

之所以這麼容易便從歐洲的概念規格出發，去劃分人類參與其中的這些多樣的關係型態，是因為有進化論意識形態的助力；進化論是從十九世紀開始變為主流，也就是正好在社會科學的形成階段。進化論或許是把現代社會之前的社會經濟型態都看作是現代社會的雛形，但是它們的架構卻還是呈現為一種現代劃分的預告版，縱使是號稱最為原始的採集狩獵者，也都能以明確區分他們的經濟、他們的社會與政治組織、他們的宗教的方式來加以描述，就彷彿在所謂人類的童年時期，就已經隱約出現了十九世紀的中產社會一般。

社會科學概念如今都已進入了日常話語，但這些概念的歐洲中心主義卻不僅僅

是使它們無法描述那些與西方人，甚至廣義上的現代人，所熟悉的事物完全不同的現實，而且也使它們無法把握新的氣候變遷體制之下，我們所處的世界的狀態：這一狀態的特點就是在人的世界與非人的世界之間的邊界，已經比自然主義所劃出的那些邊界要彼此滲透許多。地心引力或是水的化學方程式形容的事物與現象，其構成原則與運作規則在我們地球上任何地方都是一樣的，而「社會」、「文化」或是「自然」這些概念卻完全不同，這些概念是按照世界的某一部分、某個時代特有的組織模式，在構織世界的經緯。

這就是為什麼人類學和歷史學，非但不是把我們關在過去或是異域，而是幫助我們思考未來如此重要的資源。它們為我們帶來了有關人之為人的不同方式，以及人如何在彼此之間、如何與非人建立聯繫的寶貴知識。它們也讓我們能夠跳脫當下的短視宰制。如果沒有拉開距離的可能，人很容易就會產生自己是活在一種永恆當下的幻覺，會以為我們現在所瞭解的這些法律、政治制度、這些對土地和物品的佔有形式、這些財產的交換類型等等，都是不可動搖並且注定要永久延續下去的，所幸事實並非如此。也許由於殖民主義及商品全球化，是出現了一種逐步的制式同化現象，但是世界還是遠遠比旅遊或是大眾媒體那樣一種表面的走馬觀花可以讓人瞭解到的，要來得多樣得多。人類學和歷史學給我們提供了證據，證明了不同於我們在西方所熟悉的那些聚集和處理我們生活的途徑，還是可能的，因為它們其中的一些，縱使看上去是多麼的不可能，卻已經在別處有人實踐、有人嘗試過了。它們證明了，未來並不是現在的自動延伸，可以規律間隔地繼續，而是向所有可能都還開放著，只要我們知道怎麼去想像這些可能。

噢，看啊寶貝，是《將來世界民族誌》呢，
就這本書顛覆世界的。

「直到 2022 年《將來世界民族誌》發表
之前，自然人類學家與生命哲學家的革
命策略都不曾被公權力雷達掃到。」

「情報部門認定這些多半屬於中上
階級的成員相對無害⋯⋯」

「那那個呢，那是什麼？」

「我不知道……」

「德斯寇拉的讀者大多對破壞技術都不大熟悉，有的人時而會炸藥使用過量。所以這塊5G殘片是在距離原安裝地120米處尋獲。」

「哇……」

「我們可以炸個5G天線嗎，媽媽？」

「很久以前就沒有了啦，寶貝。我們可以假裝一下。」

「那這個，是養殖場⋯⋯」

「這間養殖農場聲名遠播，因為拆除廢料全部被回收用來建造 Gonesse 保衛區的小屋。保衛區今天佔據了巴黎大區一半的空間。」

「為了跟生命體重新連結，《將來世界民族誌》的讀者們穿起了野狼和水牛裝……」

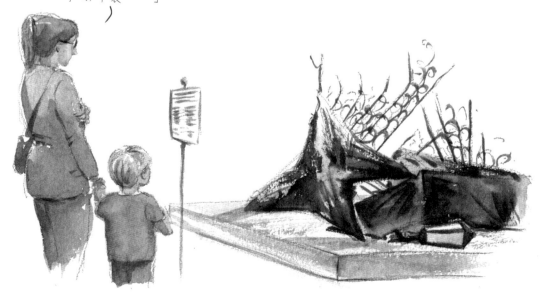

「這是愛麗舍宮大門，佈滿刮痕，
被牛角撞擊倒塌。」

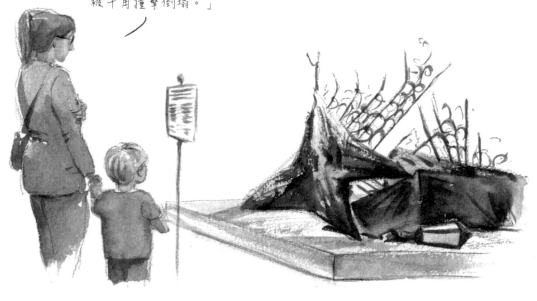

「那什麼時代啊……」

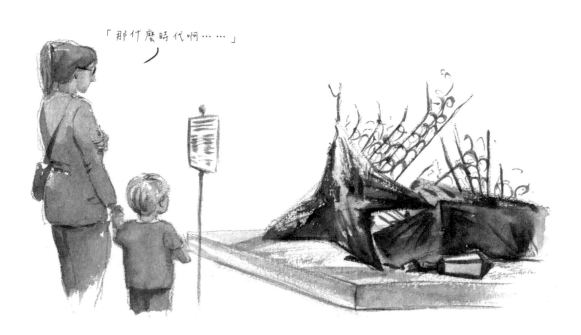

2

為什麼是
人類學？

介紹「對稱化」概念：注意這一概念用於出田野的民族誌學者與坐研
究室的人類學學者時，意義不盡相同

亞歷山德羅・皮諾紀：為了讓我們在概念上武裝起來，我希望先說一下人類學內在的顛覆向度。縱使我們得暫時離開這次交流當中最政治的那些面向，我還是想先具體說明這門學科是如何讓我們感受到自己的價值、自己的概念和自己的做法之相對性，我們要解釋清楚這門學科是通過怎樣的路徑，在建設性地為批評思想打開新的領域。這一向度，我覺得，是通過我稱之為「對稱化努力」的過程來領會的。我發現這個概念之後，就很喜歡，也許因為它讓我想到自己在漫畫創作裡嘗試做的努力（比如說在這章的最後一節，我把一個阿秋瓦人類學者送去 Seine et Marne 省那樣）。

對稱化這個概念，在一個很一般性的意義上，已經在我們剛才的討論當中隱隱出現了。當人類學者去關注一個遠方的人群，他在第一時間不得不以他自己所熟悉的那些概念——自然、勞動、經濟、國家等等——去描繪他們，縱使這些概念在他所觀察的那個世界裡劃出的是一些人工的、扭曲的區分。對稱化，就是嘗試盡可能地降低描繪裡面的這種扭曲效應；這一點我們還會再回來討論。

但是我在使用對稱化這個概念的時候，也有一個更具體的意涵，我想，是個不

大正統的用法。所以我希望利用這次討論的機會聽聽一個真正的人類學者會怎麼看。我把「對稱化」理解為一種思想操練，就是在面對一種表面上無法理解的現象時，在想像當中翻轉脈絡裡的某些元素，來把這一現象跟自己經歷過的一些經驗拉近。在怪異的下面去尋找熟悉，以嘗試開啟對自己所觀察的事物一種親身化的理解；這種理解要啟動過往經驗的記憶及情緒，是在第二時間才會使用到的分析工具之外或之下的。當我們面對一個亞馬遜印地安人在做一件乍看很神秘的事情，我們就嘗試去移轉場景，把自己替換到他的位置。我們努力，在可能的範圍內，採納他的視角。

我腦子裡想到的一個最基本的例子，可能許多出田野的人類學者都有經歷過。我去厄瓜多亞馬遜那個小小的阿秋瓦部落時，當地人總是把我排除在他們的日常活動之外。他們要去釣魚、打獵或到森林裡採摘棕櫚葉來修補房頂的時候，基本上從來都不會通知我。我都是要在活動已經開始在準備的時候，才靠自己發現有這個活動。而我去他們那裡已經超過十年了，我也已經陪過他們多次，在我問到他們的時候，他們也都跟我說他們很高興我去。可是，不管我說多少次，他們還是不會提前通知我。我經常是一覺醒來發現整個部落都空了，我要在事後才得知他們全都大半夜跑出去吃飛蟻了。而我表達不滿，他們就會笑，跟我說沒事，因為他們用葉子給我包了一小卷回來的。我當然是很煩了。

為了降低我的煩躁情緒，我就得對稱化，把情境翻轉過來。我想像自己，接待一個阿秋瓦人來我家，在巴黎，我就會感受到如果要每天帶他去坐地鐵或是去超市買東西，那會讓我得有多累。也許頭幾次我會覺得很有趣，但是很快我就會受不了要答他的提問，得顧著他，為他擔心。我肯定就只希望他在家待著，讓我給他準備吃的就好。換句話說，我就會像他們對我那樣對待他們。我就是管這類思想上的小撇步叫作對稱化，雖然概念聽起來是有些拿腔拿調。

菲利普・德斯寇拉：我先就阿秋瓦人的案例回答你。我認為得把阿秋瓦人社會生活裡面一個根本因素考慮進來，許多別的民族也一樣：那就是溝通中的不言而喻。大多數時間，集體決定都不是真的要以公告的方式來宣布的，而是在交談當中，一件一件具體地，有時候是以一種間接的方式，定下來的，是在這些交談討論的情境中，

在話語字面意涵之下，去判斷未來的決定會是怎樣。我給你舉一個例子，有位挪威大民族學家，Fredrik Barth，寫過一本有關伊朗南部遊牧民族巴瑟麗人（Basseri）的書，他跟他們共同生活了差不多有一年[16]。那是一群真正的遊牧族，就是說他每年都要進行一次大遷徙，四個月朝一個方向，再四個月朝另一個方向，距離可達 600 公里，一年當中有段時間幾乎是每一天都在移動。他說他一直沒有弄明白拔營或是不拔的決定，究竟是在什麼時候做出來的。沒有任何人給一個出發的信號，突然之間，所有人都在打包行李了。而他與他們就一同生活在帳篷下。

　　阿秋瓦人差不多也是這樣，宣告一項集體活動的是一些相當細微的信號。要去醉魚之前，理所當然，就是去園子裡挖出大量的 *barbasco*，把根浸泡過才能夠迷到魚；要去森林採摘棕櫚葉修補屋頂的一個信號，可能是前一天就已經準備好了捆綁用的樹藤。但是你得正好在場。除此以外，的確有一些活動，人家是不希望帶一個累贅的；比如說去打獵，就不希望有人被樹枝絆倒，嚇跑了獵物。另外，所有人都知道飛蟻是在哪個時間會離巢，基本就是那一兩天之間，所以每個人都會做好準備半夜出發，不需要有誰敲鑼打鼓。我和我伴侶，Anne Christine，在差不多掌握了語言之後，就會被拉去參加活動，至少因為我們會暗示提到我們猜測會發生什麼。這種心照不宣、對他人行動的觀察，在協調阿秋瓦人的活動上非常重要，因為很少會有誰發號施令。

　　這一點在一些集體工程上特別明顯，比如建房屋，或是為準備捕魚在河上造水壩，這些活動都包含一種非常複雜的分工。通常，親戚、鄰居會一大早聚集起來，有時候會有三十來個成年人，一起到工程所在地附近開始喝樹薯啤酒，閒聊一陣子。然後突然之間，也沒有誰發出指令，所有人都起身了：有的去伐木來做立柱，有的去砍棕櫚樹剖開來做支架，還有的就去剪樹藤；然後有人就開始在河裡給水壩搭鷹架，或是在地上挖洞準備樹起房屋的柱子來，等等。每個人都是通過觀察別人在做什麼去選擇一項任務，不需要誰來當監工協調大家作業。這之所以可能，當然了，是因為每個人都是多功能的，有能力完成男女任何一方負責的所有任務。但是，更主要的，還是因為每個人都很注意別人在做什麼，互補性在任務的組織中是不言而喻的，因為他們都習慣一同勞動。勞動的社會分工，可能即是最初形式的不平等，是當一個監工腦子裡決定要給人分派不同的任務，而其實人人都能夠完成所有任務

的，而這麼做也就會強制推行一種在男女分工之上更高的技術專業化。

亞歷山德羅：是的，你強調我們之間這些做法上的差別很有道理。我所說的對稱化實踐只是理解過程中的一個步驟。在我努力把自己放到他們的位置，想像自己要接待一個阿秋瓦人來我家，我第一印象是能感受到他們在想到要帶我去打獵或是去抓魚的時候應該會感覺到的麻煩。我就想：「其實他們的反應就像我自己會有的反應一樣，我們是完全一樣的。」但事實上，不只是這樣：他們的態度令我困惑，也是因為他們做集體決定的方式與我們習慣的程序不同，我們更主要是通過公開的討論。出田野的人類學家所做的思想操練，可能正是在此：去尋找一些類比，一些施力點，從而把自己放到別人的位置上。我們心想，他跟我們一樣是人，我們反應的方式都很相似。然後我們注意到某個怪異元素，使我們接近他的努力崩塌了。那時我們會感受到直面他異的那種暈眩，然後會再去尋找一個新的、更微妙的策略，將情境對稱化，找回我們的座標，然後這樣繼續下去。像這個案例裡面，可能就要去想一些在我們這邊也是，集體決定不以明言方式進行的情境，再想想這種情況對一個外人來說，可能會是怎樣令人困惑。思想就是這樣前進的，通過在熟悉與他異之間來回往復。

菲利普：我們其實也是，在參與各式各樣的小「腳本」，也是在我們的社會化過程當中透過觀察學會的，並不曾經過灌輸教育，而阿秋瓦人若是剛好看到了，也不會自動看懂：比如說，在超市結帳要排隊，或是在杏仁餅裡放一個小瓷偶來「抽國王」。

　　現在，再更具體來回答關於對稱性這個概念的問題，你的理解的確不是那麼正統，或者說至少是不完整的。在人類學裡，對稱化指的不只是一種思想操練，而是一種整體性的總態度，就是要把觀察者與他所觀察的人群放到一個平等的位階上。要完全做到是不可能的，所以我們才會說是對稱化（symétrisation），而不是對稱性（symétrie），那是一種過程。

　　對稱化開始是建立在一個事實基礎上，那就是情境之不平等，對此，最早一批遭逢美洲居民他異性的歐洲人中有一些，比如蒙田，還有其他一些開明派傳教士，

都有著強烈的意識。我們，歐洲人，不管願不願意，都是殖民情境的繼承人。就連一個平凡的民族誌學者，能去到阿秋瓦人部落，也是因為他繼承了一種經濟、政治、地緣政治的不平等情境，讓他可以去研究別人，而這些人並沒有要他這麼做，他們也無法像他那樣，到他的國家來，研究他。所以這當中有一種不對稱性，而研究計劃更是加了一層：我們是一個認知主體，來研究一個客體對象。對稱化的願望就是因為我們有志於減輕兩者之間這種處境的不平衡。這個願望，不管怎麼說，從一開始便在人類學專業，比如十九世紀末那些博物鑑藏人類學者，像 James Frazer 或 Edward Tylor 身上，就已經表現出來了。早在那個時代，這些學者就已經將大英帝國或是法蘭西帝國邊陲的那些「野蠻」人群與我們，倒不是與維多利亞時代或第三共和的資產階級，而是與我們的過去，特別是古希臘放到了一個平等的位階，因為他們不僅僅是專業的古希臘或古羅馬學者，而且也是堅定的進化論者。所以他們覺得，以比較方式同時研究在空間上遙遠的、在當時被他們看作是原始人的人群，和在時間上遙遠的、圍繞在整個地中海周邊，其文化由我們繼承下來了的那個人群，是件很正常的事。

　　將古代制度與當代人群的制度系統性地對照看待的做法，甚至更早就開始了，自十八世紀初耶穌會傳教士，Joseph-François Lafitau 對易洛魁人（Iroquois）的研究就是例證。在他的《美洲野人的風俗與古代風俗的比較》（*Moeurs des sauvages américains comparées aux moeurs des premiers temps*）一書中，Lafitau 便努力將易洛魁人一些表面上很奇怪的風俗，跟古代文化裡的一些對照起來。這類對稱化是跟歐洲一種古老傳統相連的，那就是傳教士學者的做法。傳教士的角色當然是要去傳福音。可是他們當中有些人卻真的很想理解他們前去傳教的文明的語言與文化。比如說，十六世紀的 Bernardino de Sahagún，他跟他一些方濟各會教友曾與阿茲特克文人一起撰寫過一本 *Codex florentin*《佛羅倫斯經》，又名為《新西班牙事物通史》，其中的民族誌描寫令人讚嘆，我們可以明顯感覺到這位傳教士身上，如果還不是一種明確的對稱化意志，至少也可以說是一種非常嚴肅在對待古墨西哥文明的意識。沒錯，Sahagún 想要去了解和理解是為了更好地傳教，但與此同時，他又無法擺脫自己對阿茲特克文化及其複雜性相當程度的欽佩。這一特點我們在另一批傳教士身上看得更明顯，那就

是十六世紀末到十八世紀末被派往中國的耶穌會士，對他們來說，對稱化，在某種程度上，是要推到文化同化程度的。而他們也正是因此而遭懲處。史上所謂的「儀禮之爭」，也就是將天主教儀式與教義加以調整，使之能夠適應中國或日本在地特性的做法，亦即耶穌會士遭羅馬批判，被迫撤回歐洲的理由，其實就是因為梵蒂岡教會領導層認為他們過於認同他們生活其間的人群了。在他們的對稱化努力當中，他們中國化了。

　　有個很好的例子，在你我都很感興趣的領域，那就是繪畫。去中國的耶穌會傳教士，主要是些義大利人，一開始試圖說服中國人線性透視，*costruzione legittima*，即阿爾貝蒂透視法，是最能夠忠實描繪場景圖像的。因為，就風景畫而言，中式透視很接近歐式透視，但是風景當中點綴的建築卻都是用一種斜角俯瞰的方式呈現，這種組合對習慣了線性透視的歐洲人來說，就會產生一種認知上的失調感。所以，耶穌會士試圖在清廷推廣他們的透視法；結果非但沒有成功，反而是他們當中的一員，郎世寧 Castiglione 神父，最終變成了一位偉大的中式宮廷畫師。幾年前吉美博物館（Musée Guimet）為他舉辦過一場很漂亮的回顧展。所以我覺得，這種對稱化的努力，其實是某些開明歐洲人的精神特徵，就像托多霍夫（Tzvetan Todorov）在他關於征服美洲的那本書中所說的那樣 [17]，他們以一種不可分隔的方式把統治的慾望與理解的慾望融合在了一起；不一定是以工具化的方式，像「理解以圖更好地壓迫」模式，而是因為認知的動能，在歐洲傳統當中，已經無可爭辯地就是一種統治的動能，就是要征服認知的客體對象。

　　這個，就是歐洲殖民主義一種整體的底蘊，特別是伊比利殖民，它是通過對想像的殖民，所以自然也就是通過好好認知被統治民族的想像來進行的。當然不免也會有像 Pizarre 那樣的半文盲粗人以暴力和詭計征服帝國。但是這當中終歸有那麼一種對差異的非常古老的好奇，和理解差異的慾望。這體現在早期的類民族誌作家身上，比如去巴西海岸吐比南巴人（Tupinamba）那裡生活的法國記錄者，André Thevet 或 Jean de Léry 等人。他們對美洲印地安人風俗的理解非常細膩，而他們的描述也引起了別人的注意，其中特別就有蒙田的關注。

亞歷山德羅：就是因為讀了這些類民族誌，才啟發了蒙田的相對主義理念，讓他可以不只宣稱每個人都把自己不習慣的事物稱作「野蠻」，而且指出「真理」其實多是風俗與慣習的問題[18]。這是一種存有論與道德上的相對主義，比對稱化走得更遠。因為我們其實是可以一邊對稱化，把自己放到別人的位置上，一邊卻還是繼續認為我們的文化，不管是在道德上還是在思考世界的能力上，都更優越。而反過來，我們也可以在概念上接受某種形式的相對主義，卻無需特別努力進行對稱化。蒙田是兩個方向都有做，他這種能力是從哪裡來的呢？

菲利普：除了他自身的天分以外，蒙田還掌握了關於吐比南巴人的第一手資訊，因為他的僕人曾經在巴西海岸當過「中介人」（truchement）。中介人是諾曼第的巴西木材商人帶去吐比南巴人那邊寄宿的男童，回程再帶著他們，讓他們充當翻譯和中間人。如你所言，蒙田既是相對主義者又是對稱化實踐者，這在他那個時代是一種非常例外的定位，所以李維史陀才會認為他是民族學的一位先驅。比如說，他把食人風俗與歐洲人懲罰罪犯所用的酷刑作比較，並強調說後者比前者更為殘酷，他其實就是以吐比南巴人的立場來評判他自己同時代的人。這樣他才會寫下你剛剛引的那句：「就我所知而言，我認為這個民族（巴西吐比南巴人）身上並沒有什麼蠻俗粗野之處，否則也只能說每個人都把不合自己習慣的叫作野蠻罷了。」他不只是把自己放到美洲印地安人的位置上而已，他不僅是承認美洲印地安人生活的世界裡，他們的價值與我們的都一樣具有正當性，而且他認為在採取了他們的視角之後，我們會更清楚地看到自己的缺陷與錯誤。而這或許正是民族學能夠給我們上的一堂政治批判大課。當一個民族學家好幾年沉浸在一個與他自己的文明很不一樣的社會與道德生活之後，他回來的時候就不可能不以與他共同生活過的人的視野，去看待自己的同胞和他們的制度。他獲得了一種拉出距離的眼光，能夠以一種巨大的清醒，看清自己所出生的那個世界裡一切不公平和荒謬的事物，簡單說，就是在與他人的接觸之下，他自己「變」了。這樣一種被他人影響的方式，因此不只是對稱化，而是一種成為他者，會以持續的方式，深層次地顛覆民族學家的生活。

　　再回到對稱化議題上，其實是有不同的實踐方式的，部分地對應於田野裡的民

族誌工作與研究室裡的人類學家工作之間的差別。民族誌主要是歸納性的：是從許多即時的觀察出發，去進行總的論述。人類學，以我的理解來說，更主要是推論性的。這意味著人要從閱讀民族誌當中所了解到的東西出發，去提出一些關於社會生活的假設論點，然後通過檢視大量的民族誌材料去測試這些論點，看它們是不是能夠支持那些普遍性論述。為了說明你所強調的那種民族誌學者的態度，我們或許可以區分一種主體化的對稱化和另一種客體化的對稱化。你所談的那種對稱化，就是把自己的身體放入情境當中，以自己的經驗作為分析工具，那是一種主體化的對稱化。它對應的是一種民族誌田野時刻。民族學家的工作坊是他自己，是他在面對接待他的主人和他們的實踐時的感受，是他在自己的身體和精神上投入其中的那種學習過程：田野工作，是學習另一種生活。這要求謙卑，因為你就像一個孩子要學習你沉浸其中的這個世界的一切，但又必須很快，而且要有意識、有方法地進行。同時又還必須不斷回溯到自身，因為你面對的是人類共通的一些情境：出生、病痛、死亡、仇恨、忌妒、愛、背叛；整套的社會心緒與激情都展現在我們眼前，卻是在一些與我們自己的制度非常不同的制度當中。當感受到自己身上，有如一件樂器上，一種因為差異而引起的深層顫動，比如說面對喪親的方式，你就會明白這與自己所來自的那個環境有多大的距離。在阿秋瓦人那裡，不知道你有沒有碰到過，那是非常令人震撼的。他們跟我們紀念死者的方式相反，他們是要驅除記憶，大家對著屍身唱的是「永遠也不要再來看我」、「再不要以我的名字呼喚我」，非常揪心。在這些非常特殊的情境下，面對如此場景，那種跟我們自己的生活方式的反差，就只可能是更加突出。所以在民族誌這個面向上，主觀向度絕對是根本的。

亞歷山德羅：這個例子，比開頭我介紹的那個微妙，也一樣能凸顯在怪異與熟悉之間、將他者區隔與換位思考之間的來回往復。一開始，你被反差震撼到：在我們這邊通常的做法都是要激發人去珍惜對死者的記憶，去維護對他的回憶，而阿秋瓦人的做法卻是要把他推向遺忘。除了請他消失的吟唱之外，阿秋瓦人還會跳過一道一道的煙幕，迷惑死者的靈魂，讓它無法跟隨他們，好盡快被驅逐到虛無中去。然後在接下來的時間裡，我們又發現我們自己其實也會感受到一種很強的想遺忘的願望，

即法語慣用說法所謂的 faire le deuil「服喪」，continuer à vivre「繼續活下去」，等等。據說有人提出一種猜想，說我們壓在死者身上那片沉重的墓碑，其實無意識是要確保他們再也不會回來。阿秋瓦人的喪葬模式與我們有時的做法，或是功能有部分屬無意識的行為，其實是相呼應的。縱使助人遺忘的那些做法沒有在嚴格意義上被制度化，我們還是可以對阿秋瓦人的行為有一種切身的理解，在某種程度上站到他們的位置上。然後我們又會遇上另一個詭異的因素，把我們從試圖找到的那個熟悉的位置中拉出來，之後得再去找一個新的支點，建立一種拉近彼此的關聯，然後這樣繼續下去。

菲利普：面對喪痛時的曖昧情緒很可能是普世的。民族誌經驗裡，有一種在自己文化中某些情境下應有的行為，與觀察到的在同樣情境下卻完全不同，但又能在我們內心深處勾起某種回響的行為模式之間，不斷的來回往復。即使，對民族誌學者而言，反差感受要比熟悉感覺更為根本。他是做好準備要在他自己的主體性、在他的情緒、他的身體當中，去感受一種表面上跟他自己通常在家所了解的非常不同的情境。所以民族誌學者會把自己的生命經驗，與他選擇研究的那個集體中生命現象被感知的方式之間的差異放大。喪葬儀式就是這樣，因為你只可能對那些親人在顯然的喪親之痛下，卻排斥死者的悲壯特性感到震驚。

亞歷山德羅：我再補另外一個例子，是從你建議我看的 Jean-Baptiste Eczet 那本關於穆爾西人（Mursi）的專書 *Amour Vache* 中來的 [19]。那是衣索比亞一個遊牧民族，他們使用了一種很複雜的命名系統，每個個體會根據他所處的關係獲得不同的名稱。同一個人於是可以有好幾十，甚至好幾百個不同的名字。乍一看，從我們這樣一種超級強調個體價值的文化脈絡看過去，這種做法像是一種幾近荒謬的奇風異俗。然後我們會意識到，如果說制度上我們是只有一個正式的名字，在日常生活當中，我們卻會使用許多暱稱，一個個體甚至可能因為他所處的情境以及與他相處的人而有著好些個名字。所以我們也是，也會把個體看作不是只由一個唯一的我構成的，而是相反，如同普魯斯特所說的，是由一個「我的光譜」構成，會依照情緒、情境或是社

會脈絡而變動。總之，我們會意識到，像我們那樣，強調人的一體性，跟像穆爾西人那樣，似乎更強調人的分裂性以及關係向度，其實都不是那麼荒謬。

北美西北海岸的瓜求圖人（Kwakiutl）也可以啟發我們一種類似的思考。跟許多別的民族一樣，他們的一年是分成兩大段，在這兩個階段當中，他們的社會組織以及他們的生存方式都會徹底改變。而在這種季節性的變化過程中，瓜求圖人會更換名字。一旦我們能跨過怪異感的第一印象，你若是曾有機會在一個相對長的時間段中換一種生活的人，比如說，放一年長假或是出一次民族誌田野，便會知道就連我們以為構成自我最穩固的元素都會變化，甚至的確可能會達到想要通過換個名字的方式來標記這種認同變化的程度 20。

能感受這種與我們自身經驗非常細微的類比，並不會損害到對差異的知覺，恰恰相反。如果沒有這種拉近彼此的努力，差異有可能只是停留在一種單純的怪異感、一種不可解的他異性。關注與我們自身經驗的相似性，培養熟悉感和切身理解，哪怕是用一種有些刻意的方式，從而在認同與感知他異之間擺盪，會賦予對差異的解讀其厚度和質地。

菲利普：這是對的，但是，再說一次，你這裡談的是民族誌田野，是民族學家如何使用他的主體性作為一種研究工具。這是對稱化，因為你把自己放到一種盡可能忠實面對所觀察到的一切的情境當中，不去強加一種觀點或是一些成見。我可以說，這是一種謙卑而為的對稱化。而如果說，我們是要跨到人類學工作這樣一個更廣的尺度上，那麼重要的是制度。我們要去理解制度——喪葬儀式、語言、婚姻系統、財產交換形式等等——是如何凸顯並穩定了某些很可能具有普世性的情境——陪伴人在死亡當中的解構、透過話語溝通、解決選擇配偶、讓財物流通，等等。制度體現的是在多個可能之間的選擇：比如說，對一個死者，是要紀念他、向他獻祭，還是相反，讓他盡快從記憶中消失；是把他的遺存當作聖物保存，還是把他吃掉；是要呈現他的形像，還是要抹去他一切的外在痕跡……人類學家研究的是這一類選擇，以嘗試理解，某一類處理死者的方式，是否，又是如何，與某一類型的對選擇配偶的要求、與某一種政治組織形式、與某一類敘事（神話、史詩、創始敘事、小

說），共同構成系統。這樣讓制度彼此呼應，必然就是一種比較工程。所以，早期像 Lafitau 那樣的類民族學者以及最早的進化論人類學家會使用當時人們對古代的了解，來更好地理解易洛魁人或澳大利亞原住民的制度，其實絕非偶然。

　　人類學對稱化所要求的努力，跟民族誌對稱化相較是不同的，而且可能更重要，因為他要求的不只是要放棄民族學家從他自己文化背景當中帶來的關於社會生活的文化偏見，而是，而且更主要是，不再使用構成我們日常生活的那些大的概念框架，亦即是說，不再遵循我們那個世界之經緯。正如我所說過的那樣，就阿秋瓦人和亞馬遜美洲印地安人，講什麼社會、自然和經濟是完全沒有意義的。因為這些概念是描繪我們，西方人，自己歷史軌跡當中特有的一些現實，而在他們那裡，以及在地球上好些其他區域的人那裡，都並不存在。

亞歷山德羅：人類學的對稱化是在這種意義上構成了一種客體化的對稱化的。你並不是試圖把自己放到他人的位置上，如我們討論過的那種民族誌田野時刻，而是與此相反，盡可能地把自己從自己的研究對象中抽離出來，清除掉分析當中那些從我們的世界帶過去的概念工具，因為它們會把它們的形式強加到你所觀察到的事物上。在我們嘗試去描繪一個與我們不同的群體的時候，首先是無法避免地會套用我們熟悉的那些分析概念。在亞馬遜印地安人這個案例當中，一開始可能會很想要說，他們與自然的關係跟我們的不同，他們更「親近自然」。然後透過對稱化的努力，我們意識到以這種方式來描繪事物，其實還是把一個我們自己的理論框架強加給別人。這就是你在《暮光之矛》（*Les lances du crépuscule*）當中開啟、又在《超越自然與文化》（*Par-delà nature et culture*）中加以系統化的絕妙轉化：亞馬遜的印地安人是不能親近自然的，因為他們根本就沒有自然。從他們賦予植物、動物一種與人相似的內在性，以及與此相應的社會屬性開始，就再也沒有任何理由把他們與世界的關係用一個自然的概念來描述了，因為自然在我們這裡，將這些存有涵蓋於一個範疇裡，正是使它們不具內在性並且被排除在社會性之外。

菲利普：對，這就是為什麼我在《超越自然與文化》當中提出的，是連續性

（continuité）與非連續性（discontinuité）、內在性（intériorité）與物理性（physicalité）這樣的概念，因為它們比起自然和文化這樣的概念來，應該較為中性，較少扭曲。我認為人與非人在世界上各種不同的關係形式，都是人從物理與精神屬性的角度，在非人身上所感知的連續性與非連續性的效應[21]。民族誌的觀察告訴我們，亞馬遜美洲印地安人賦予非人一種內在性，但認為非人的身體讓它們可以進入到不同的世界，而我們在西方幾個世紀以來都恰恰相反。從內在性與物理性之間這一特別的反差出發，我們可以指明別的反差也在別的地方，依照別的變奏在展開，以此發展這一論述模型潛在的意義。

亞歷山德羅：那麼當然了，我們已經說過，對稱化，還有客體化，都是一個過程，一種我們試圖趨近，卻永遠也不會達到的理想目標。人是不可能完全從他的研究對象當中抽離的，你所提出的分析工具終歸還是來自於我們的世界。

菲利普：的確如此。如果我談阿秋瓦人的世界真的要如他們所見所想那樣，那我就得吟誦一連串的儀式口訣、薩滿歌謠、神話段落、儀式性寒暄對答、夢境與通靈敘述，或是這類的話語，而不經過脈絡爬梳，差不多都是不可理解的，縱使翻譯過來。

亞歷山德羅：但我們也許可以認為，對稱化努力，在引入的分析工具能夠把我們的存世方式與別的民族的方式並列於同一個敘述母題之中，不分任何優劣或是先後順序之時，就足夠充分了。你在提出內在性與物理性、連續性與非連續性這樣的概念的時候，就是如此：我們這些現代西方人，與非人所抱持的關係，就與亞馬遜人以及世界其他人的關係類型，是在同一個層次上被加以描繪的。每一個大的宇宙觀系統都被描述為別的系統的一種變奏，但沒有哪一個可以宰制或是涵蓋其他系統。自然與文化的概念就不再是用來描繪別的民族的分析工具，它們本身也被描繪為組織人與非人之間關係的眾多方式之一而已了。

民族誌
對稱化

每天早上，車站咖啡，Bois-le-Roi
的居民都自動分成兩組，其中
的邏輯我還不大明白。

第一組人會點一杯發酵果汁，
似乎有助於激發造夢活動，第
二組會喝極小量的一種滾燙濃
縮液體，略帶刺激性。

第一組人會評點第二組人的活動，用語多暗喻其象徵性，其內在質素，諸如聲調，會在上午時段變豐富。

魂靈溝通師還是神諭？那些話語是否會決定新開始的一天，或是揭示一些已經命定的事件？

總之，喝刺激液體的那些人
會步伐堅定地離開，顯然對
等待他們的任務心知肚明而
更為篤定。

我想這兩組人都已經足夠習
慣我在這裡了，今天我要試
試與他們互動，希望可以推
進一下我理解他們各自的職
能和彼此的互動。

你下干應該來看
小狗障礙賽跑，
你會喜歡的。

障礙？

再給他來個
第二杯。

現在……既然……我進入了
適當的開放狀態……我要進
到一隻小狗的皮膚裡，採納
牠的視角……

欸……我會努力複製牠
的行為，不管有多微妙
而令人無法抗拒……

3

社會組織方式之
多樣性

批判所謂人類社會都是依照單一路徑逐步演變的觀點

亞歷山德羅‧皮諾紀：你提到了進化論，特別是在你解釋為什麼對十九世紀的人類學者來說，把古代希臘與他們當時的原住民族做比較是很自然的事。可能有必要進一步指明這一理論的錯誤具體錯在哪裡，並且解釋清楚對這一理論的批判可以打開怎樣的可能性。這一點之所以特別重要，是因為進化論雖然在人類學上已經不再有人原封不動加以主張，但卻還是許多科普著作的基本架構，例如 Jared Diamond 和 Yuval Harari 等人的作品 [22]，而在一般人的認知當中也都還存在。

先說明一下，我們在講進化論的時候，指的是社會科學的一種理論，所以跟生物演化當然是不相關的。這一理論的主導觀念認為，人類社會在一種神秘力量的推動之下，注定都要按照唯一的一條路徑進行演變，從採集狩獵者經過一定的中間環節，最後到達現代民族國家。

根據 David Graeber 和 David Wengrow 的研究，進化論原初的一個動機，是要試圖抵銷十八世紀上半葉歐洲人，在與一些組織方式截然不同的異族遭逢之下，所感受到的衝擊力道 [23]。那次遭逢是透過我們已經討論過的對稱化民族誌學者著述為中介的，但是也有原住民成員自己，特別是北美印地安人。因為他們當中的一些人，在

與侵略者接觸之下，發展出了對歐洲制度非常明確的批判，聲張他們自己的制度的價值，因為這些制度是有心組織來控制不平等，促進個體自由、大規模互助以及集體決策的。他們的批判曾經通過一些大眾讀物，以《與野蠻人對話[24]》這類當時大賣的暢銷書模式廣為傳播，使空氣裡漂浮著一些真正的革命理念。

進化論劇本的對應策略，則主要是通過承認土著組織模式的某些優點，但同時卻宣稱這些社會之所以這樣組織，只是因為他們是處於發展的一個低級階段。換句話說，這些印地安人的確比我們更自由，但是他們自由也只是跟小孩子一樣的方式。他們的批評是成立的，就像是一個孩子在看待成人的世界那樣。然而很不幸，人必須成長。社會被迫要發展，一發展，他們就必然會看到要出現我們所經歷過的不平等。從帶著幼稚的無憂無慮，在荒野裡奔跑的採集狩獵者氏族開始，必然會跟著出現部落，然後是酋邦，再無可挽回地演變成王國、帝國、現代國家。物質上維生方式的演變交織在這部社會組織形式的發展史裡：採集狩獵者開始要從事農耕與畜牧，之後再被「農業革命」顛覆。農業革命創造了土地財產和大量的剩餘，於是也就有了一種負責保護財產剩餘的強制權力，和一套負責管理財富的官僚體系。通往一個越來越階序化、不平等的社會的大門於是打開了，最終出現了工業文明。

這個劇本可以將我們所知的統治形式自然化。社會與經濟統治，那是理所當然，但還有父權統治、種族統治、和對非人生命的統治：你當然可以對這一現實狀況感到遺憾，但是既然這是一個不可避免的進程結果，那最好還是乖乖配合才對。

David Graeber 和 David Wengrow 的書，依靠大量的考古學和人類學案例，有條不紊地拆解了這部令人喪氣的決定論劇本的每一個步驟。這兩位作者展示了人類社會的歷史，比通常講述的要繁茂、繽紛而無序得多。特別是，在其中，經過反思、有意識的選擇扮演的角色，至少是跟各式各樣的環境決定論同等重要。人類展現了自由的政治想像，他們並非是被一種自己完全不了解的演化力量所推動的機器人。他們對自己所希望的生活方式的集體選擇，帶來了各式各樣的分岔、搖擺和意料之外的創造。這些選擇的靈感，來自於對別的社會，有時候是在地理上相隔很遠的社會，非常複雜的模仿與區分操作；來自於對他們自己充滿歡樂或創傷的實踐歷史的記憶；來自於解構社會秩序的節慶和儀式時，特別是，伴隨季節更迭，整個政治組織連同

生存模式都會徹底重組時，最直接的經驗。

　　各族人民——其中有些是直到非常晚近——便是如此穿梭往復於進化論劇本的不同階段之間，探索一切可能的組合。世界各地到處都存在過巨大的都會中心，主要依賴農業與商業存活，但卻非常平等，同樣也存在過很小的人群，有時是遊牧民族，但卻高度階序化。時而有平等民主的都會轉化為具有專制威權的國家型態結構，時而變化又是在相反的方向發生（比如在墨西哥特奧蒂瓦坎 Teotihuacan，或在中國陶寺）。農業的出現沒什麼可謂「革命」的，因為縱使是在以肥沃聞名的兩河流域，它也是同以野生資源為基礎的生存實踐有機地交纏了三千年，其中也有過各種各樣可能的中間過渡型態，既不曾壓制也不曾取代過它們。此外許多民族還故意放棄了他們的農業實踐，轉而採取一些他們出於這樣或那樣的原因，認為更可取的生存方式（比如，因為這些方式更符合季節性大遷徙的需求，英國巨石陣人群情況可能就是這樣）。那些複雜的行政規則，今天我們會聯想到貶義的官僚體系，而當時似乎更像是為控制階序化、不平等現象，防止首領的崛起才出現的。跟決定論劇本宣稱的完全相反，行政體制被私有利益霸佔並非是一種宿命。複雜的行政法規的平等功能在公元前五千紀，從伊朗南部延伸至土耳其那片廣闊的村落網絡裡，似乎延續了近千年。

　　透過一種進化論視角，非現代社會就只能夠以匱乏、缺陷來加以描繪，而轉換視角就可以看出它們是一些完全成熟的體系。這樣的話，我們就不再會說一個平等社會是還沒能賦予自己一個國家型態的階序化結構，而是恰恰相反，是它成功打造了有效的體制，阻止了階序結構的出現[25]。用 Graeber 和 Wengrow 的話來說，人類的過去「更像是一場嘉年華大遊行，走過的是所有可以想像的政治組合，而不是進化理論那些死氣沉沉的抽象說法。[26]」

　　強調人類社會歷史的豐茂與生機，特別是反思選擇所起的決定性作用，對構想一些還算有點樂觀的政治願景，是非常根本的。對像我們這樣，期待拆解自然主義，以使別的存世方式能夠出現，社會生活中能有更多元的異質性，當然就更是特別重要。論述這樣的計劃，就必須要能抵抗宿命論分析，反駁人所詬病的所謂可愛的天真。所幸的是，我們可以跟 Graeber 和 Wengrow 一起，對自己說，這一願景並無任何

幼稚之處，因為社會的異質多元，和選擇自身組織模式的自由，正是人類歷史的常規。拉開一段距離來看，其實是當前的同質性與封閉性才屬於怪異的例外。資本主義民族國家的霸權，它組織並固化各種形式的統治的方式，其實才是偶然的，完全可以被超越 [27]。

菲利普‧德斯寇拉：我們可以把進化論看作是進步這一理念，即人類一直不斷朝改善其存在境遇發展這一原則的一種理論後果。那麼，最富有的那些社會現在的狀況就會是這一原則達成的終點，只能在邊際上略有改善的可能。如果說，十九世紀與二十世紀初期盛行一時的進化論哲學的確已只是思想史上的一個章節，對人類從精神到制度的完善進程之信仰，卻還是深深嵌刻在人們的意識當中的。進化論宣稱，社會都要經歷自動連續的不同階段，從原始聚落到國家，中間經過部落、邦國或封建王國。而當代的「原始社會」則被看作是人類歷險最初階段的活證明。然而，我們早就已經知道，許多採集狩獵者，當時被人想像是從舊石器時代原樣倖存至今的，其實是「退化」而來的，也就是說，他們是放棄了植物栽種，常常是為了取得更高的移動靈活性，以躲避奴隸抓捕。李維史陀在 1940 年代便針對南美採集狩獵者指出了這一點，你剛剛提到的關於世界別的區域一些更近期的綜合研究更確認了這一點：人類為獲取其生存所需物質條件、組織其共同生活，從來不曾停止探索多種道路，並無任何線性進步可言 [28]。進化論作為一種歷史詮釋系統因此消失了，但沒有消失的是，極難根除的一種信仰：即當代資本主義民主構成了人類數千年來，朝著同一方向努力的技術與社會政治實驗，一直嚮往達成的狀態。

　　但是這並不意味著說，就不曾有過演化，這裡演化不是指一種物質或精神的進步，而是說某些實踐一旦確立起來以後，便產生了一種棘輪效應，使後退變得很困難，或者至少說，會限制可能的範圍。Alain Testart 在他早期的一本書裡面曾經證明過這一點 [29]。他在書裡提出了一種演化論的觀點，但是是有大量的歷史與民族誌材料支持的，即社會分化的起源並不是由於對植物和動物的馴化，也不是由此因定居而產生的經濟不平等，而是因為已經定居的採集狩獵者對生活物資的儲存，這一行為從中石器時代便已存在，並一直延續到了現代。經典的進化論觀點，是以對自然的

改造技術的演化為基礎：當生產手段變化了，定居就勢在必行，對固定資源儲備的控制就變成一個關鍵的社會問題，國家就可以開始冒出頭來了。而 Alain Testart 指出，在這個演化過程中關鍵的並不是馴化，而是儲存，這一行為在定居的採集狩獵者當中，並非如當時人常說的那樣，屬於例外，而是近一萬到兩萬年來，地球上非常普遍的現象，從北海道的 Aïnous 到加利福尼亞南部，從西伯利亞到非洲，在中美洲或是在法國 magdalénien 人當中都能看到。考古發掘，尤其是在近東地區，也不斷確證了這一論點，是定居先於馴化，使馴化成為可能，而不是反過來。這就使得由馬克思得出的那套標準的技術演化論（「手動石磨就會給你一個君主社會；蒸氣機磨，就是工業資本家社會」）被徹底打破，取而代之的是一幅遠為複雜而多元化的全景，包括有多條演化線、各種內捲化過程，和以複雜的關聯性而非單向的決定論為基礎的生態立基的建構。

亞歷山德羅： 找出彌散在我們的社會當中，通常未曾明言的進化論，並加以批判，之所以特別重要，還因為這一理論也屬於統治階層擁有的「後設論證」武器，被用來將他們的統治自然化而使之正當化。現代主義敘事，正如你所講的那樣，同樣也扮演了這一角色：對婦女、工人或是原住民族的統治之所以合理，是因為他們身上含有更多的自然，比起那些要來統治他們的人——佔有生產手段的男性白人來，他們沒那麼徹底地脫離自然。這套思維當然是鬼打牆，因為所謂脫離自然性又是由統治位階來定義的。進化論敘事會承認我們的世界還遠遠不夠理想，但同時又宣稱，這個世界是一個決定論過程的結果，我們無法反對。不公正、不平等和各種形式的統治很令人難過，但是既然沒有別的選項，那麼抱怨也是幼稚的，就跟人摔倒了卻怪地心引力存在一樣。

所謂經濟科學當前的大熱門，一部分也是出於同樣的原因：那是一個統治階級備用的後設論證的絕妙倉庫。資本主義強硬派可以利用這些論據來把他們的政治決策裝扮成自然法則，從而要人接受他們所捍衛的這個世界那可怕的醜惡。但是這裡也是，這些法則的自然性，也只是因為它們所適合的那些人的統治身分而來。用 Bourdieu 一句經典的玩笑話來說，那就是 quand le monde va pour soi, il va de soi. 「世界

對自己有利，就是世界自然如此 [30]。」

還要注意一點，就是後設論證完全可能是以一種相對誠懇的態度建構出來的。其實這正是人類邏輯思考能力一個最基本的功能：搭建一套在社會層次足夠體面的理論，去掩蓋有時可能遠遠不是那麼像樣的深層次動機 [31]。而且這些理論，在他們的作者自己真誠相信它們的時候，就更能夠達成它們的社會功能。換句話說，說服自己，說自己生造出來的那些後設論證是推動我們的深層動力，其實是更有好處的 [32]。所以說，許多人都在想的一個問題，到底我們的政治領導者在多大程度上真的相信他們自己說的話，並沒有一個簡單的答案。

而且我們自己也無法跳脫這一法則：我有時候就會有一種很不舒服的印象，我們這一整本書就是一種巨大的後設論證，只是用來支持我喜歡的政治立場，而我喜歡的原因最終其實可能跟我們正在說的這一切有部分並沒有什麼關係……但是人的精神既然生來就這樣子，那我們除了讓不同的後設論證彼此碰撞，通過揭露它們所依賴的及核准的統治形式去加以批判，並在嘗試盡可能保持對我們更私密的動機機制一定形式的清醒之下，逐步對它們進行調整以外，別無選擇。

---

*　下面這段漫畫共四集，作於第一次封城期間，就在時任農業部長 Didier Guillaume 鼓勵法國人下田勞動，以彌補外籍勞工短缺之後。Bruno Lemaire 時任經濟部長，Edouard Philippe 任總理，Muriel Pénicaud 任勞動部長，Didier Lallement 任巴黎警察總長。

55

他們開闢了集體菜園，播種了一大堆有的沒的……他們說現在想要等著看收成……然後什麼春天啦，之類的。

他們該交房租、該還貸款的時候，就會回去工作的。

好像他們決定不怎麼交了呢……

4

別的造世方式

———

介紹組織人與非人關係的四大方式；指明人人都潛在具有這些方式

亞歷山德羅・皮諾紀：我們說了，人類學對稱化是要嘗試把被研究的人群與人類學家出身的人群放到同一個層次。自然主義特有的概念──特別是自然和文化的概念──就不能夠用來做分析，而應該是本身就要被分析，就跟當地人的概念和實踐一樣。我們對進化論的批判，強調了描寫也不應當引入任何先後順序，或是暗示人類各族都將必然朝我們自己最熟悉的方向演化。我想這樣一個相對自我拉開後退距離的關鍵時刻，是在就像你所講的那樣，當人被接待我們的人群改變，到了能夠從外部來看我們原生世界時發生的。我們變成了一種能夠同時觀察歐洲人和阿秋瓦人的混雜的人。這樣就會在自己的肉身當中，感受到組織著自己出身的那個世界的結構與價值之相對性，從而把這個世界有些直到現在都還理所當然的面向呈交給思想批判。

菲利普・德斯寇拉：自然主義是一種「造世」方式，這是我在 1970 年代中期去阿秋瓦人那裡通過反差經驗意識到的。亞馬遜高地這一族群不久前才剛剛接受一點對外的和平接觸，我當時的志向是，要研究他們在物質和觀念層面，是怎麼樣，以我當

時的用語來說，「將自然社會化」的。因為，對當時的我來說，就跟對我們那一代所有的民族學者來講都一樣，人是透過他們的技術和象徵體系來佔據自然的；他們把自然人化，將自然轉化為一種社會現實，其主要特徵要在每個社會當中主導人與人之間關係的規範當中去尋找。可我在阿秋瓦人那裡看到的卻完全不是這樣。首先是因為，對他們來說，自然不是作為一種與社會生活分隔開來的現實存在的：大部分植物和動物都具有一種內在性，使得人可以與它們溝通，讓人可以與非人建立起跟人與人之間關係規則一樣的關係。植物、動物、神靈並不是在我那裡被稱作自然的那樣一種哲學抽象的組成元素，而是一些需要人去吸引或是約束的社會夥伴。此外，透過一些跟我同類的考古學者、民族植物學者和民族生態學者所做的研究，我們開始越來越清楚知道，亞馬遜森林在相當的程度上是人為的，因為居住在那裡的美洲印地安人發展出悠久的對野生植物的處理慣習：他們已經深深改變了森林的生物構成，同時又保持了一種很高的生物多樣性[33]。阿秋瓦人、其他的亞馬遜民族，所以並不是「適應」了一種他們被拋擲其中的外在自然；他們其實是一代一代人部分地打造了一個代代相傳的生態利基[34]。因為這個利基有許多阿秋瓦人日常與之互動的主體，所以它構成了一個獨特的世界，跟我所熟悉的那個，承襲自笛卡爾和黑格爾的世界很不一樣，那個世界裡組織成社會的人會改變自身，是因為他們會改變自然。

這兩個世界之間最主要的差別是什麼？他們各自的居民對人與非人之間的連續性與非連續性劃出了不同的界線。阿秋瓦人，和我後來稱之為「泛靈主義者」的所有民族，賦予許多非人一種內在性，但認為每一種生命形式是居住在一個它特有的世界當中：他們將精神普世化，又將自然相對化。而我出發去田野時，我所熟悉的那個世界裡，人們的觀念恰恰完全相反：人相對於非人的不同是因為他們的內在性，而他們與非人共同的則是他們都受制於自然的法則。所以這裡就有兩種形式的「造世」，即構成世界的方式。我們也可以把這稱作存有論，如果我們的意思是指，對某個時代的一個人類群體來說，具有意義的那種世界的佈置。

最好還是舉個例子。常常，人在他們的環境當中看到的並不是「一樣的事物」，是因為他們的世界之存有佈置就是由非常不同的「事物」構成的。一個阿秋瓦獵人不可能看到一個夸克，因為夸克在任何人的自然環境當中都不是作為一種「事物」

存在的，這一分子只能通過一套非常複雜的儀器，作為一種間接的指標被探測出來。這並不意味著夸克不存在，而是說它作為存有的存在方式是取決於它作為認知對象的存在方式。所以它不可能存在於構成了阿秋瓦人的世界的存有佈置之中。反過來，一個在日內瓦旁邊 CERN 中心的大型強子對撞機工作的物理學者，也不大可能看到一個 iwianch，阿秋瓦人的亡靈，因為 iwianch 跟夸克一樣，也不是作為一種「事物」存在於環境當中；它也是只能以蹤跡的形式，通過一整套複雜的感性指標被人偵測到，一個訓練有素的人可以通過辨識這些指標而推論出它的存在。這並不是說，一個阿秋瓦人，受過分子物理學的訓練而且擁有適當的儀器，還是無法「看見」夸克；或是一位物理學者在跟阿秋瓦人生活了幾年之後，還是無法偵測到一個 iwianch 在場。而只是說，在正常的情境下，阿秋瓦人與物理學者生活在不同的世界當中，因為世界當中的存有不同，一個存有是否存在的存有論基礎不同。一個實證主義頭腦可能會反駁說，夸克存在而 iwianch 不存在。可是這裡的關鍵並不是在絕對意義上夸克或是 iwianch 存在與否，假如說這樣的一個問題在形上學之外還有意義的話，而是它們作為知識客體對象，對一個具備了某一種知識，信任某一種偵測形式的主體而言，是否存在。一個主體是否能夠因此而認出客體本身來，也就是說，實實在在地，把它作為其存有論佈置之組成部分給客體對象化出來。泛靈主義和自然主義都只是我從這一類經驗當中推衍並系統化出來的「世界的模型」，而不是一些自主的玻璃罐子或是信仰系統，每個民族都這樣被關在裡面。

亞歷山德羅：按照你給出的描寫，泛靈主義是西方自然主義的對稱點（反之亦然）。對泛靈主義者來說，植物、動物和人擁有同樣的一種內在性，同樣的一種思想和情感生活，但是彼此之間因為他們的身體特徵而相互區分。是巨嘴鳥的身體特徵，而不是牠的內在性，使牠生活在一個巨嘴鳥的世界裡，擁有巨嘴鳥的慾望和思想，跟一株木薯或一個人的世界、慾望和思想很不一樣。反過來，對自然主義者來說，植物、動物和人所擁有的身體是服從於同樣的生物和物理法則，但是人類以其特有的內在性，無論是靈魂，還是語言和思考的天賦，又或者說他們的文化能力，而與其他存有很清楚地區隔開了。另外兩種宇宙論系統——圖騰主義和類比主義——，我們隨

後會去談到，也都屬於這同一個描述模式的。

這個模式是一次客體化對稱化努力的成果：你試圖盡可能把你，包括你自己和你所熟悉的概念，從你所描述的對象中抽離出來。但是民族誌層次與人類學層次之間並不是互不相通的。所以我們可以用你的分析來回到主體化對稱化上面，就像民族誌學者在田野裡所要進行的那一種。這也是你的書《超越自然與文化》對我觸動這麼大的原因之一：我在裡面找到了一個絕妙的竅門庫，可以幫助人把自己投射到別人的位置上，把我們對他人的理解加以主體化。你給了我們一些鑰匙，讓我們可以在可能的範圍裡，嘗試透過別的宇宙觀透鏡來看世界，而所謂看真的是字面意義上的，因為正如你所說的，我們在其中被社會化的那個宇宙觀系統，會打造知覺活動本身。

在一個平等的基礎上描寫組織全世界各地群體那些不同的宇宙觀結構，是提醒我們這些結構都是所有人類共通狀態的果實。我們所有人在自己身上都潛在地，作為可能性，擁有你描寫的這四種存有觀——自然主義、泛靈主義、類比主義和圖騰主義。即使你是在西方，也就是說，是在一個自然主義特有的那些狀態被制度化的群體中長大的，你還是每天都會經歷一些時刻，會出現屬於別的宇宙觀系統的那些狀態。在讀到你對泛靈主義的描寫時，我們會意識到，我們自己也是，常常把非人看作是跟我們有著類似的內在性在行動。比如說，在園子裡跟知更鳥說話，問牠最近如何，祝牠心情愉快。

菲利普：我經常就是……

亞歷山德羅：同樣，你告訴我們阿秋瓦人會低聲哼唱短詩，*anent*，來影響非人的狀態。這種做法會讓我們想到每一次電腦當機之後重啟的時候，我們對它輕聲說的「幫幫忙，快開啦，不然就砸了你」。

泛靈主義和自然主義世界之間的差別在於打造制度的那些直覺和狀態——這裡的制度，我再說一遍，是在廣義上，明裡暗裡組織一個群體生活的那些共享結構。在我們這裡，大部分的制度基本都認為，將非人視為不具內在性的物來對待是適當

的。這些制度是被一些客體化直覺和態度所塑造的，而反過來，又會培養發展這些直覺與態度。在亞馬遜，與此相反，制度性的結構認為非人是一些可能的對話對象，跟它們可以很自然地就傾向於展開社會互動：討論、談判、相互吸引或是彼此欺騙、為習俗衝突發生爭執、密謀並結盟。

菲利普：對，這個在你仔細去聽 anent 說的內容時格外明顯，那都是一些默念或柔音輕唱的祈求，說給植物、動物和神靈聽，以影響它們的行為。這些吟唱以詩意的語言表述，充滿隱喻，也會用來跟不在場的人和解，或是吸引他，而阿秋瓦人不會懷疑對方能清楚理解自己發出的信息。也許舉幾個例子會不無助益。

「身為 Nunkui 婦，獨往幼子處

我喚食物來（兩次）

所有食物來此處，我喚所有無分別（兩次）

Nunkui 養子一一來

一一來，落地上（兩次）

身為 Nunkui 婦，我喚食物來我園

如是，我往（兩次）」

這則 anent 裡，一位菜園女主人把自己等同為 Nunkui，創造並看顧植栽的女神；她把自己園中的植物當作孩子來對待，以此類推，植物也就成了女神的養子，這樣便把它們放到了一種雙重的保護之下，互相補充而不是彼此競爭。

「我的 patukmai 犬（四次）

黎明昇，我放你捕獵（兩次）

我請賜你聲（兩次）

解你鏈，讓你追獵物（三次）

如此帶上你，我的 patukmai 犬，放開你，見黎明（兩次）

我的小黑人，我攜你同行」（兩次）

　　阿秋瓦人的狗是婦女管的，她們會陪伴丈夫去打獵，負責控制狗群，用這一類的 anent 來激勵牠們。對狗說話像對「人」（阿秋瓦語裡 aénts）一樣是很正常的，因為這個字指的是一切具有內在性（wakan）的存在，也就是指幾乎全部的植物和動物，因此它們相互之間，以及它們跟人，都是可以溝通的。

「小兄弟啊（三次），把 wachi 竹彎向我（兩次），朝你自己（兩次），我高舉你（四次）

小魚鉤，小箭鏃（兩次），怎麼可能偏了道？（四次）」

　　這則 anent 是給被稱作兄弟的絨毛猴的，獵人在用吹箭射猴的時候要在腦子裡默誦它，好讓猴子保持靜止，箭頭就可以不偏不倚正中目標。魚鉤的比喻是指箭鏃得勾住猴子，讓牠無法掙脫。

　　除了通過 anent 跟非人溝通以外，植物和動物還每天都以人形造訪阿秋瓦人的夢境，給他們傳遞信息。

亞歷山德羅：在我們這裡，有時候也會一個人對著一隻知更鳥或是一台電腦唱歌，雖然不大會期待它們能接收到信息。在阿秋瓦人那裡，anent 是被提升到了制度的層級。可以在人之間相互交換，或是在夢裡由植物、動物傳遞，而它們因果效力之精妙則是一件集體接受的事實。《超越自然與文化》給了我們大量這類的類比細節，讓人可以由此出發，展開想像，來窺測那些與我們不同的宇宙觀組織起來的世界會是什麼樣子。我們從與一隻知更鳥親密相處，或一段警告不乖的電腦的小調出發，想像由這些直覺和做法結構化的制度，和承認並發展賦予非人內在性的集體規範。下一步──雖無法實現──就是去想像假使我們從小就是在由這樣的直覺、這樣的制度組織起來的群體當中被社會化的，我們對世界的感知會是怎樣。假如對我們來說，我們從來都認為花園裡的知更鳥可以理解我們的 anent 曲，會在第二天夜裡，現

出一個奇怪的人形，來夢中回答我們，也許還穿了件紅色的 T-shirt，我們會怎麼看待牠？

　　這個過程，對一個在別的宇宙觀下社會化的人來說，應該同樣也可以做到吧？我猜一個亞馬遜印地安人他也是，每天都會感受到一些，比如說屬於自然主義的直覺吧？

菲利普：的確如此，因為「出格」的直覺往往會被壓抑，但是並不足以使之失效。一個阿秋瓦小孩，日復一日，聽他打獵回來的父親講述他做了什麼，遇到了什麼動物，之前他做的夢裡動物又說了什麼，他在森林裡發現的神靈出場的信號（聽到一個聲音卻找不到源頭、大晴天忽如其來一陣風、一股意想不到的氣味）；這個孩子，不需要別人特別灌輸，就已經取得了一部未來某天他會遇上的事件的辨識指南。他自然是會以「泛靈主義模式」來詮釋這些事件，但不會覺得自己除了從所見的訊號當中得出了不可避免的結論之外，有做別的什麼。在某些情況下，他會很自發地把某個事件詮釋為某種「自然原因」的結果（大雨之後河水暴漲，或是樹枝掉落打昏了他的狗）。但是這種詮釋很快會轉成是惡靈作祟或觸犯禁忌才造成了這些並非意外的意外。自然主義的因果關聯推論就這樣被抑制，或是暫停了。對我們來說，其實也一樣：我們可以跟自己的貓、自己的電腦說話，就彷彿它們是一些自主的思想主體，但是我們不會去想像說它們存在於一些與我們平行的社會當中，有它們的規範、它們的制度，因為我們沒有什麼可以讓我們把這看作是正常情形的敘述，除了文學敘事（寓言或是科幻）以外。而文學敘事是想像世界的跳板，我們被教育說不能把它們跟現實混淆。逾越這一規則可不單單是面臨批評而已：對於那些經常這麼做的人，精神疾病診斷當中早就為他們預留好了位置。又或者，犯規被視為發育不完全的一種徵兆。所以才會有在十九世紀歐洲非常普遍的一種想法，認為那些原始人就跟孩子一樣。

亞歷山德羅：其實這個想法也是可以對稱化的：每個文化群的確都會把別的文化群看作是發展不完全的孩子。我最近在一位黑腳族印地安人（Blackfoot）的傳記裡面看

到，他的民族就把信奉資本主義的人看作是孩子，因為孩子總是會想要更多的玩具，而人長大了就應該要學會節制和簡樸的美德[35]。有的思想家認為，我不知道黑腳人是不是也這麼說，這些德性是自主與自由的條件。這是我插的一句，你剛剛在解釋說，特定宇宙觀之下的社會化都是通過對相反情形的壓抑，即是說，對別的與世界連結的方式的壓抑來進行的？

菲利普：不只是對相反情形的壓抑，而是對非標準推論，也就是說不被社會承認的觀點的壓抑。

亞歷山德羅：賦予植物、動物一定意圖、信仰、慾望、性格特徵的推論，在我們這裡是被壓抑的，或者是被限縮到某些特定的情境或時刻當中，而在泛靈主義群體裡，卻是被擴充、推廣而且制度化的。

菲利普：是做成了敘事，這非常重要。在阿秋瓦人那裡，比如說，除了每天日常的敘事以外，還會給孩子們講神話故事，過後不久可能就會學 anent，這樣一來，很自然地，因為有這麼一種文化氛圍，一個孩子就會傾向於對某些類型的事件做詮釋，而無需誰向他灌輸任何東西。當然了，從來沒有一個所謂「泛靈主義教育」，但很自然地，他就會根據他童年時代所聽到的關於世界的一切來詮釋一個事件。

此外，在亞馬遜世界裡，還有別的泛靈主義地區也是，由刺激品和迷幻藥物引起的幻覺也扮演了一個核心的角色。在青春期以前是不會尋求幻視通靈體驗的，但是之後一旦習慣了，幻覺就會給人們在聽到敘事、接受泛靈主義直覺或推論之下，逐步建構起來的東西一個視覺化的內容。當人開始可以服食迷幻藥或是菸葉汁的時候，一般已經學會了穩住這些體驗，那時候就會發現自己先前預感到的，成年人談論的那些事物，透過自己的幻象視覺而存在。這可以說是一種驗證。

科吉人（Kogi，哥倫比亞 Sierra de Santa Marta 地區一個美洲印地安民族）更屬於類比主義遠多於泛靈主義，不過他們有一種很特別的做法，把這個過程給系統化了。主要是挑選一些他們看來具有突出的精神和知識條件的男童。把他們交給一些儀式

專家，所謂的「Mamas」。然後讓他們住進一個洞窟裡面，與社群隔絕，洞裡只留下一點點光線以免他們失明；然後日復一日，那些 Mamas 就會來告訴他們世界是怎樣的。等他們從這樣一種「形而上」的母體當中出來時，跟柏拉圖的洞穴裡只看得到現實被扭曲的投影的人相反，他們被認為是可以看到事物真正的本質的，意思是說，他們真的會看到 Mamas 們描述的那樣的世界。在某種意義上，幻覺的事實驗證，就是如此：跟人們有時宣稱的相反，「薩滿宗教」並不是因服食迷幻藥而引發的精神圖像，幻覺其實更像是來確認某種先前已經透過敘事而結構化了的認知。

今天的舒瓦人（Shuar）、阿秋瓦人，還有許多別的民族都是，因為有了學校教育而發生了一種想像世界之間的衝突。非標準敘事、自然主義敘事，是孩子們在學校裡學的。如果可以從頭開始跟隨一個孩子的學習歷程，看他在兩種互相矛盾的敘事系統裡面是怎麼應對的，在哪一個時刻其中的一個會壓制另一個，或打敗另一個，或是他又用什麼樣的方式根據情境來組合二者，那將是一個非常有意思的研究。

亞歷山德羅：關注這些部分不兼容的宇宙觀之間的遭逢、混雜或碰撞的研究越來越多，但是就目前為止，都還主要是關於自然主義是如何滲透到信奉別的宇宙觀的民族居住的區域。Anna Tsing 研究過在印度尼西亞一些偏遠地區，產能主義因為一種受西方啟發的環境主義哲學的到來，所發生的複雜的「摩擦」。Nastassja Martin 關注過自然主義及其國家公園，是怎樣介入阿拉斯加一些泛靈主義者居住地區[36]。但是研究今天正在發生的自然主義由內而生的裂解，像是在防衛區那樣的，卻很少——這一點，我們回頭還會討論。

我們提到在自然主義當中一些泛靈主義直覺會浮現的時刻（跟一隻動物或是一台電腦說話）。那麼，就你區分出來的另外兩種宇宙觀而言，這樣的時刻會是怎樣的呢？在相互對應的泛靈主義和自然主義之外——前者是內在性的延續性和身體的非延續性，後者是身體的延續性和內在性的非延續性——，你還區分了類比主義和圖騰主義。在類比主義當中，存有的精神屬性和物理狀態都分裂為多種混亂而斷裂的組成要素。類比主義群體會對這種相對的失序重新加以排整，勾勒出大的類比關係，跨越自然主義劃定的那些邊界。在我們這裡要找出某些形式的類比主義並不困

難，因為歐洲直到一個相對晚近的時代都還是類比主義的，而且我們在一部分上還依然如此。最明顯的例子可能要屬星相學，那就是在人類的精神和物理狀態與天文現象之間劃出了類比關係。要找出圖騰主義，我感覺可能要難一些。圖騰主義主要是在澳洲，它要在同一個圖騰家族當中的人群與非人群體之間，建立一種從物理到精神狀態的同一性關係。

菲利普：圖騰主義的基礎是什麼？是在某一個地域的人類與非人類之間深層次的同一性，因為他們共同擁有某些繼承自原生存有，即民族學文獻稱之為圖騰的某種原型物質與精神品格。這些品格化身在圖騰群成員——某個氏族、一些植物、一些動物——一代又一代身上，使他們不同於別的圖騰群，因為那些圖騰群集合了別的氏族、別的植物、別的動物，因為另有品格而不同。最初的原型過去出現在大地上，後來經歷了許多，然後又沉沒在地底深處，但在地表遺留了許多它們存在的痕跡。其實，一個地方的整個地形，甚至它的植物構成，都是這塊地域的圖騰存有的行動所成。至於說它們留給後世共享的品格，通常以在過往圖騰創造奇蹟的場所裡，一些喚作「靈子」（âmes-enfants）的小生靈為具體形式，它們的定義很寬泛，足以涵蓋人與非人。它們將一些行為類型（活躍或散漫）與形式（有稜角或圓滾滾）、色澤（淺或深）、精神狀態（好戰或平和）類型組合在一起。所以圖騰主義不會在人與非人之間做區分，而是區分了一些混合群，每一群都包含了特定類型的人與非人，每一群都與圖騰所在地方相連，也因為圖騰而有了他們的集體認同。我們也許會很詫異，一個小地方的人與非人分享同一種本質，與別處迥異，有點像是從同一個模子裡倒出來的，而他們生活的那個地方也因此享有某種特別的神聖性。這個想法，在我們這裡，好像會令人聯想到地方沙文主義、宗派觀念、甚至一些最為反動的對土地的眷戀。

亞歷山德羅：在澳大利亞圖騰主義與法國貝當主義的回歸大地之間，根本上有著共通的推論嗎？

菲利普：可能啊，至少兩者都出於同一種觀念：來自某個地方，因而具備其身分認同的存有，就具有一種絕對的特殊性。但是其中也有一些絕對重大的差別……最主要的就是，澳洲原住民很清楚，將社會體成員分割為純粹（因為來自同一個原型）又混雜（因為混合了人與非人）的自然「物種」，對集體生活會造成怎樣的風險。所以圖騰群這樣的「種族」在任何情況下都必須共存，彼此交流：一個圖騰群的成員得與別的圖騰群成員通婚（生下來的孩子有時候又會屬於不同於他父母的另一個「種族」，因為孩子又是來自另一個原型）；他們彼此同意對方進入他們的狩獵領土並且享有某些權利；相互之間會為對方做儀式，等等。另外，最初的原型在他們過去漫長的行走當中，還留下了一些圖騰種子，後來化身進了一些旁支族群，所以他們也就屬於同一個創生的結果，只是被切為不同的分段而已。

亞歷山德羅：這樣就可以防止封閉的社群主義。

菲利普：正是如此。這真是天才的妙招，因為這些圖騰群每一個在起源和認同上當然都是自足的，但是在日常生活和社會存在上卻不是。

亞歷山德羅：不然的話，袋鼠圖騰群就可能對住在對面山頭的負鼠圖騰群產生一種深深的種族歧視。

菲利普：要注意，雖然我會說「種族」，因為沒有更好的術語可用，那是指每一個圖騰群的人與非人成員都被看作一族，因他們共同的起源而享有同樣一種本質。但是，這並不會產生種族主義，因為澳洲圖騰主義完全沒有純屬現代的物理與精神品質高下之分的觀念——且精神品質取決於物理品質——把人區分出不平等的人的類別，也就在智人當中建立了一套階序。沙文主義的特點，以認同某一地域和該地域中居住的人與非人為基礎，在世界許多地區都是常見的態度，很可能形成一種對起源不同、地域不同的人的蔑視或排外的行為，但在澳洲則被這些混融機制所抑制，使得相對於他者誰也無法完全自主。

亞歷山德羅：這些規則好像很難引進到我們這裡⋯⋯必須跟另一個圖騰群通婚⋯⋯

不過，各群之間以流動原則為根本，這不免令人豔羨。在這樣一個用 Bruno Latour 的說法 37，叫政治方向大亂的時代，極右派在跟我們談永續農作和反增長，沒人知道是該拋棄進步的概念還是要徹底調整它的箭頭方向，而全球與地方的概念也都必須再切割、重組織的時刻，思考澳洲世界會打開視野。讓我們既可以更好地理解當前這股反動的回歸大地誘惑力有多強，又可以讓我們把它與另一種，我們可能只能稱作「進步主義」的回歸大地，明確區分開來。在表面的相似性——扎根一片領土——後面，其實是一些完全對立的政治計劃。最本質的差異就在於人與領土所構織的連結如何運作。在反動的回歸大地中，這些連結是用來區隔的。動員起來的血脈、歷史、祖先都是為了繼續把來自別處的人稱作「外人」，縱使他在這裡生活已經二十年了。相反，與大地的進步主義連結，是要嘗試容納，要把焦點放到日常習俗，放到與一個地方及其特性建立關聯，與那裡的人和非人住民構織情感關係時，那些共通易得的方式上。在防衛區發展的，主要就是這第二類的連結。

菲利普：說到這裡也是，研究世界別處拒絕被現代化戰線收編的當代群體，構成了對以人類獨佔環境所提供的可能為基礎的、對地球的自然主義佔有，很有意思的替代選項資源。我只舉一個例子，但高度有意義：厄瓜多亞馬遜森林裡，因石油勘探而面臨土地掠奪的薩拉雅庫（Sarayaku）美洲印地安人。在 2015 年的全球氣候變遷大會（COP21《聯合國氣候變化綱要公約》第 21 次締約方會議）上遞交的一分文件中，這個群體的一些成員要求對他們與眾多別的存有共享的領土，予以國家級和國際級的承認，賦予它一個新的法定保護區範疇定位，以 Kawsak Sacha（克奇瓦語 quechua 的「活森林」）這個統稱命名。他們給出的定義是這樣說的：「Kawsak Sacha 意味著森林完全是由活的生命存有和這些存有之間維持的溝通關係所組成；〔所有〕這些存有，從最微小的植物到森林的保護神靈都是一些人（*runa*）〔⋯⋯〕在共同生活，並以與人類相類的方式在發展他們的存在。」所以，「目標〔不只〕是要保護原住民族的領土，〔而且也〕包括這些民族與其他那些居住在活森林當中的存有之間構

織的物質與精神關係」[38]。所以這裡的目標不是要賦予一般意義上的「自然」什麼權利，因為所謂自然只是一種純粹的抽象，也不是把植物和動物看作是某種正在療養的人而賦予它們權利，或者是為了一個空間所含有的物理資源，不管是生物多樣性還是什麼可以被轉化為商品的自然物，而去保護它。這裡的政治權利主體，既不是人也不是非人，而是他們之間所構織的非常特殊的關係。此外，很有趣的一點是要看到，本地原生性在這裡並不是關鍵。薩拉雅庫的居民並不是說「要保證我們這片土地，因為我們的祖先自遠古以來就佔據這片土地」。首先因為，這樣說會不準確：跟同一地區別的使用克奇瓦語的族群一樣，薩拉雅庫是一個早期的傳教區，殖民時期在道明會相對的保護之下，匯集了被西班牙奴隸主獵捕滅殺的不同族群殘餘後人。在這樣一個過去被稱為「縮影」的混合體中，不同來源的人之間溝通的語言就成了傳教士在安地斯山區為方便傳教而學的克奇瓦語。所以這樣的群體，在起源上就已經是混雜的、由多個區域的難民組成的群體，就很難像歐洲現代的國族主義者那樣，宣稱一片領土是刻石銘金的「祖居所在」。歐洲這些人會毫不猶豫地聲稱他們佔據某些空間的正當性，是來自於他們與某些高盧、蓋爾特或日爾曼部落，又或是原初的基督教傳教者之間某種想像的傳承。但是，關係論據優先於本地性論據的另一個原因是，薩拉雅庫的居民也還意識到，他們所佔據的空間是跟眾多的非人，尤其是神靈，所共享的，神靈的本地原生性可比他們的要強。他們與這些非人所維持的各種各樣的連結——互助、競爭、共生，等等——於是讓他們更多地把自己大約看成是些免費寓居者，而非擁有無限權利可以任意剝削這些土地的財產所有人。

5

裂解自然主義
領土

———

當試從目前在荒地聖母鎮發生的事件中總結幾點觀察

亞歷山德羅・皮諾紀：你剛剛說的，關於薩拉雅庫的寓居地與寓居人關係的翻轉，當然跟現在在荒地聖母防衛區發生的事件相呼應。正如一位防衛區住民所言[39]：「最近幾年是樹籬田在用我們的身體來捍衛它的完整性[40]」。在雙方友善共處的關係當中，是樹籬田同意讓防衛區人寓居。他們相對於它，透過因為它而在人之間、以及與非人之間構織的多重變動連結，是處於一種存有論意義上的依賴形式之中的。而且，這正是在 2012 年和 2018 年的兩次驅離行動當中，幫助拯救了防衛區的原因所在。國家不曾預料到佔領民眾捍衛他們生命環境的決心。就跟在本地原生抗爭當中一樣，他們捍衛的不是自然、生物多樣性或是別的這類抽象的概念，而是已經慢慢變成了構成他們自己所是的一團關係叢結。所以他們才能夠堅持到願意賭上他們的生命[41]。

在現場，我相信自己從來不曾聽到用「自然」來談論防衛區和其中各種不同的環境。這並不是說各位住民禁止自己使用這一字眼，因為他們看了太多菲利普・德斯寇拉的書，而只不過是因為這個詞完全失去了有效性。同樣，把森林、草地或是池塘當成是待開發的純資源，或是要保護的空間，也會是件很詭異的事。很顯然，這些生命環境和生活於其中的非人，都是這個集體完整意義上的成員，彼此之間理

應善待對方，一起分享這塊共同的領土 42。防衛區的一個住民，在一段拍他勞動的影片中解釋說 43：「森林的利益優先於我們的」。防衛區的集體當然很開心有木材去搭建他們的樑柱，但是在選擇要砍伐的樹木時，則是森林的可再生性問題優先於人對木材的需求。當然了，森林的利益是什麼，需要人去想像發展，但是有一些指標還是相對明確的。比如說，當你知道一棵樹平均要到 150 歲之後，保有的生物多樣性才會達到最高程度，而由 ONF（國家林業局）管理的森林是永遠也不會達到這樣的年歲，那你就可以想到採納森林的視角，就必須首先轉換時間尺度 44。在這片領土上組織生活的決定，特別是生產活動的決定，就不再是由經濟邏輯引導，而是由集體認定的可欲狀態，這個「集體」就是要盡可能納入樹籬田和它的非人住民。

這麼做，我們並沒有變成泛靈主義者，但的確是超越了自然主義，在走向某種別的、混雜的狀態。注意力機制在轉化，限定重要與否的界線在移動，使用的概念術語在更新。Baptiste Morizot，還有別的一些人，在致力於陪伴這次的概念更新。根據他的觀點，並不是要像泛靈主義那樣，努力賦予植物和動物一種與人相似的內在性，而是要同時承認它們的親近性與他異性，將它們主體化但又不要擬人化，堅持尋找對它們來說最「適切」的「關懷」45。

菲利普・德斯寇拉：我的確認為，即使是在聖母荒地的樹籬田，也很難跳出經過自然主義社會化而形成的慣習，突然開始在夜裡夢見蜻蜓在抱怨濕地的縮減，或是把菌菇中毒認定為野豬精靈的報復所為。但話說回來，我在防衛區短短的停留期間，的確讓我很驚訝的是，接待我的人相對於非人存有，已經發展出了一種，除非是在某些農人或是一些一生都在與植物和動物親密互動的專業生態學者身上，非常少見的注意力機制。最主要的表現就是，對一個環境特性極為敏銳的觀察力——構成環境的植被、植被為這種或那種動物提供的保護、植栽不同朝向的效果，等等——同時又對環境的每一個成分有種緊密的親切感——這棵樹的位置對它的生長是好還是壞、那頭羊有多任性、那片穀物過於向北迎風，等等。對每一個動物和植物個體的關注讓人可以看到它在所屬的跨物種集體當中如何行動，它又是怎麼受這個集體的影響。而依照防衛區眾多住民的城裡人出身判斷，這一類注意力很可能一開始完全

不是自發的，它是一點一點，因為對保衛這個地方免受外部侵擾有了全面的認同，而逐步形成的。地方認同也許，在開始時，是來自於對一個共同敵手的抵抗，但是這不足以讓人愛上一個地方，人還必須要對一切構成其特性的東西加以注意，而這在事後又會反過來，證明自己戰鬥所為是對的。

亞歷山德羅：防衛區當然並沒有發明這些與非人相連結的方式。就如我們已經說過的，我們所有人每天都會有一些屬於別的宇宙論系統的直覺，我們每個人也都會採取與之相應的一些做法。任何一個小的養殖業者都會與他養的動物和他領土裡的某些非人存有連結起一些社會關係，特別是情感關係。但是總體來說，那都是在反向上的自然主義大潮中，這裡或那裡，冒出來的一些孤立的時刻。小畜牧業主，在某一個時刻，必然會被經濟法則逼迫，將自己養的動物看作是物資。在防衛區裡很特別的，主要是因為它的規模，就是這種相對於自然主義的偏離，會在一個相對寬廣的人與非人的集體層次，透過習俗、實踐、觀念和共同價值，穩定下來並且制度化。那真的是另外一個世界的草圖，而且還帶著意料之中的所有的變奏與對立。比如說，素食主義者和養殖業者之間，人跟非人所建立的關係類型就差別很大。但是他們卻有著一個共通的宇宙觀基礎，那就是超越自然主義的利用關係和對非人開放的社會關係場域。反過來，在群組裡穩定下來的便會進一步深入到行為和敏感度之中。而這正是防衛區裡最令人稱奇的事情之一：這些與領土和別的存有相關聯的方式，一點一點被人接受，甚至包括那些一開始對生命並沒有什麼特別敏感的人。你談到了你遇到過的防衛區人，對生命發展出了一種特別的敏感。但說到底，最有趣的可能恰恰是，他們還是屬於少數。住在或者是待過防衛區的絕大多數的人，並沒有特別對鳥、對花、對蠑螈有什麼興趣。但是從你在這樣的一片領土裡待過一段時間開始，沉浸在組織了那裡不同集體生活的那些明裡和暗中的結構之後，就會自發地採納在那裡被視為有效的宇宙觀特徵，尤其是對實用主義的排斥。慢慢地，對生命體的敏感開始發展，包括那些本來最無動於衷的人。在所有別的地方，制度性的結構都在把我們拉向相反的方向：小畜牧業者，事業擴大，就得學會將他的動物物化，才不會發瘋。巡山員，厭惡了僱用他的機構那套管理邏輯，就得辭職或是壓抑自己對樹

的熱愛。在防衛區裡，就連最為都會的行動者也都會在某天早上，被一隻知更鳥或是一頭蜥蜴顯而易見的內心世界驚喜到，或者至少是不可能把圍繞自己的那些非人存有看作是要保護的自然或是生產物資。

菲利普：如果有一個民族誌調查去理解在什麼條件下、通過什麼樣的過程、在多長的時間之後，一些來自一個完全不同的世界的人，知識與精神環境完全處於無所不在的自然主義籠罩之下的人，能夠發生這樣的轉變，將會是非常珍貴的材料。如果能夠理解在一個新環境中的社會化，如何讓人可以採納新加入的群體的價值，也會很有意思；而加入這個群體，就是因為預感到這些價值更符合一些自己先前未必清楚意識到的深層期待。這個問題跟阿秋瓦小孩上學那個是並列的：一個城市出身的防衛區人，一開始對蠑螈、野豬很不熟悉，他是怎麼釋放出那些先前被自然主義一再壓制的非標準推論的？是在交談之間，在對日常生活的事件加以敘述之後？一些隨著情境不斷強化的深切的信念，因為突然有了別人所說的話語而終於能夠得到表達？是在面對某些非常具體的選擇時機，像是要挑選砍伐這棵或是那棵樹的時候？

亞歷山德羅：我不知道防衛區的各位住民是不是認同我們剛剛所說的一切……就跟任何話題一樣，意見很可能分歧很大。我想，有的人會說，認為只要在防衛區住過就能夠走出自然主義是太過誇大；別的人會說，他們早在來防衛區生活之前就很清楚意識到自然主義的局限；還有的人會說，既然在這塊領土上是要嘗試與國家對抗，提出「別的東西」，那麼對實用主義加以質疑就很正常。

但是很多人很可能會認為，與非人的一種新的關係的出現，是跟居住在一片抗爭中的領土上這件事密切相關的，因為必須每天盡力對抗國家、對抗資本主義霸權（前者成了後者的武裝擔保，不管其形式是一個機場規劃還是集約農業，就像我們今天這樣）。在與樹籬田明顯的情感連結和（在司法抗爭中與保育物種；在土地佔領行動中與牛群、羊群和栽種植物）特別的聯盟之外，我認為，在這樣的情境下，人可以自發地辨識出一個共同的壓迫者、一個人與非人要一同戰鬥的敵人：就會覺得自己跟所有那些受到同樣的經濟與政治詭計威脅的存有是一條戰線的。我相信，

這當中有一種，無論是對正在進行的社會抗爭與生態抗爭的關係重組，還是在脫離自然主義的方式上，都要一般性許多的經驗。

棲居領土的
方式

……那我在想 Edouard 和 Didier 在 Drôme 搞的那個農場是不是有點誤入歧途了……

看上去蠻酷的還是……

看著種子生長，愛上一塊土地，照顧每一粒花苞……這些都很好啦，可是有時候還是要能夠重新上路，睡在星空下，跟神靈一起……

李維史陀講說 Nambikwara 人的一年是分成定居季和遊牧季。

定居季期間，他們種植茂盛的園子，食物很豐盛。

遊牧季期間，他們主要是吃用小棍子抓到的蚱蜢。

生活是要艱苦些，但是只有在這段時間他們才會跟夜靈和風神重新連結。

大地應該是像這些多重的嚮往一樣……跟果園和麥田、村莊和道路相對應的，應該有山羊小道和七彩帳篷，飄著乳酪和野生蜂蜜香氣的遊牧鄉野。

我們應該去解釋給 Edouard 和 Didier 聽……

我想他們會贊同的，總統先生。

6

經濟與
自然主義

確認經濟領域的霸權位置是將我們封閉在自然主義中的根本死結；
陳述在反資本主義抗爭中，與非人結成一種新的、
越來越自如的團結關係有何可能

亞歷山德羅・皮諾紀：今天鎖死了自然主義的是什麼？為什麼它那麼地不可動搖，而越來越多的人都說，他們希望與非人生命連結別的關係？是什麼在阻止這些新的關係成長發展、制度化？

在防衛區，如果說我們看到非自然主義制度的雛型在誕生，那是因為防衛區的住民都在一部分上做到了把自己從經濟遊戲的規則當中解放出來。受薪工作和更廣義上的金錢限制不再組織人們的存在。再不是要去出賣自己的勞動力，以換取金錢來讓自己吃、住、獲取或是維修物件、組織自己的休閒。所有這些活動都經過集體重構，構織在一些共享與互助的實踐當中。農業、手工和文化活動都不再受制於一種贏利的要求，而是由集體討論決議來打造。這些組織模式，在做到了不同這一根本優點之外，也把人從市場法則中解放出來，讓人可以有餘裕，將非人生命和它們的利益納入決策過程。在別的地方，的確是經濟世界，更具體地說，是經濟世界在兩個世紀以來所取得的那種主導性，在阻斷一切走出自然主義及其實用主義的期待。經濟原則不再是服務於某些社會期待的工具，轉而變為自成一體的目標。國民生產總額、成長率、資本市值變成了籠罩著並且決定了整個政治生活，或者就是生活本

身，最根本的原則。而經濟，要作為一種自主並且主導性的世界存在，就需要每一個事物、每一個存有都是可以相互替代，可以化約為一種純粹的商業價值。換言之，經濟有一種致命的需求，就是要把它所碰觸到的一切都轉化為客體物 —— 包括人在內，都變成了「人力資源」。從你賦予一個存有一種內在性開始，從它走出客體物的範疇，靠近了主體範疇開始，它就再不能不加分別地在市場的自由遊戲中被倒騰。這可能是賦予自然人類學一種政治意涵最為簡單、又最為根本的節點：在走出自然主義與維持我們賦予經濟世界的霸權之間，有一種質性上的、邏輯性的不可兼容性。超越自然主義，就是至少在部分上，將植物、動物、生命環境從客體物的範疇中抽離出來，而經濟致命的需求就是要它們毫無差別地待在那裡。人不可能同時既承認非人生命的利益，又同意資本主義維持原位，讓經濟及其物化行動繼續統治我們整個政治與社會生活。

菲利普·德斯寇拉：為了更好地看清經濟在打造我們當代世界中的力量，可能不無必要回到稍早一點，到十八世紀。就是在那個時候，物資與服務的生產和流通過程，慢慢一點一點地從它們一直以來牽涉的那些普通的社會關係當中：親屬和鄰里關係、侍從主義與依賴連結、商家與工匠團體特有的那些互助形式等，分離了出來。這些過程，在重商主義，以及重農主義開始在世界當中剪裁出一個新的科學對象領域，即所謂「經濟」之時，便取得了一種自主性。經濟現象相對於日常生存的外在性突然被強調，在當時隨之而來的是排除了創建土地和勞力統一市場的障礙，而這意味著資產階級的利益躍升到了台前，尤其是它對資本積累的追求。經濟對菁英而言，不只是變成指稱那一整套突然之間跟家庭、政治和精神生活相區分的制度與實踐，而是從此便以顯眼的方式佔據了一旁一個獨特的位置，把每個人都放到了一個外在於其自身生活條件的位置上。無產者因為不再與一片土地相連，就只能出賣他的勞動，勞動被變成一種與他本人分離的價值；地主則因為可以把一片森林兌換成一種能夠投放到遠程貿易中的資本，或是把資本換為森林，於是就把財富和令財富增殖的手段視為一種可能場域，獨立於自己在一種身分階序當中所處的位階。這些為人熟知的過程，正是你所謂經濟領域霸權最初的一些特徵，這一霸權被不斷強化直到

現在，而被轉化為商品的存有，數量和質性都在不斷增多。

　　自然主義與這一勢態是相互連結的，至少在思維慣習上。在自然主義之前的世界當中，比如說直到文藝復興結束，存有之間的關係，人和非人都一樣，都是以一種理想化的階序為架構，根據他們的完美程度來排列。在那個封閉的世界裡，並沒有什麼真正的外在性，除了來自於神的超越性以外。上帝處於階序的頂端，同時又外在於祂所創造的世界，這一統治地位通過授權，也適用於在地上代表上帝的君主：所有人在上帝面前都是平等的（原則上），同樣絕對君主的所有臣民在他面前也是平等的（又是原則上）。上帝和神聖君王這一外在性，提供了一個至高的視角，讓人可以將整個宇宙與社會建構視為一種整體，給它一個基礎和一種意義。然而，這一至高定位在十七世紀開始出現裂痕，因為另外一種形式的外在性，大自然的外在性，一點一點開始取代君主的外在性了，不管他是神聖君主還是人間君王。新興的自然主義一大特徵就是認為，非人存有構成了一種除去人類以外的整體。隨著自然作為一種與上帝相類似的生成原則，同時又是一個自主的存有領域被客體化，自然就不只可以成為一種資源和一個探索場域，而且也構成了一種正當性不容辯駁的規範之源頭。就跟物理、化學法則一樣，自然法則、自然宗教、自然道德從它們被認定的普世性，和它們與每個民族特有價值之相對性不同的獨立性中，萃取了它們的力量。這樣，在十八世紀的歷史情境下，當神聖超越性正趨向於被自然超越性所替代，一種新的相對於人的外在性也逐步打通了無人爭辯的存在之途，那就是歐洲學者開始陳述的經濟法則的外在性，和據說這些法則描寫的那些過程的外在性。商業以及後來的工業資本主義是可以被視為一種「自然的」現實，就跟地心引力或是氧化現象一樣。所以在實務和觀念上，慢慢就形成了經濟作為自然主義特有的社會關係類型最顯明表現的強勢地位，這一強勢具體展現的形式就是，將人與非人化約到一種商品價值階序，而不再是完美程度上的位置。

亞歷山德羅：自然主義與經濟領域的霸權之間的聯繫，我覺得即使不是這樣表述出來的，也越來越在鬥爭的脈絡裡自發為人注意——這值得樂觀一下。縱使離目標還有些遠，縱使統治階級試圖在這兩個領域之間維持一種虛假的對立，社會抗爭與生

態抗爭的連結也已經日益流暢。不知道實務上是不是可以驗證，但我感覺在一個典型的產能主義環境下開始的鬥爭，比如說關注購買力問題，都越來越會自發轉化為對經濟規則本身發起的戰鬥。我對這一轉變在某些黃背心群體當中的速度之快驚詫不已。在互助實踐、集體決策的效應之下，或者更一般性地說，是因為在街頭圓環或人民之家參與的抗爭的解放力量，人們要求的不再是犧牲別的社會群體利益以改善自己的經濟地位，而是要集體走出那種由經濟領域設定的可替換、拋棄型客體物的身分。人們期盼把主動權交還政治，重新掌握自己甚至可能是不知不覺便已被國家、被經濟剝奪的生命向度。於是，人會讓那些跳脫商品邏輯的關係模式重新回到舞台中央。一旦這一轉變的第一步完成之後，將團結關係拓展至非人也就會越來越自動自發。我們現在正穿越的這個階段，沉浸在生態危機、世界的除魅，和一種隱隱感覺我們與生命的集體關係已深陷困頓的挫折感之中，我們將會越來越自動自發地把非人視為受壓迫的夥伴，跟我們一起被同樣的機制輾壓，因此也會變成我們抗爭的同盟。跟我們一樣，它們也期盼從經濟領域強加給自己的客體物身分中解放出來，成為主體，具備內在性、慾望、對世界的一個視角和一分決定權。這一團結互助的擴張，也獲得了規模越來越大的生態女權主義運動的支持與強化[46]。

菲利普：當代抗爭，的確開始以所有那些對共同生活的貢獻被剝削、被佔有、被物化、被贏利化，被矮化或漠視的存有之間，一種團結互助為名在動員非人。非人事實上可以成為與資本主義的對立當中的同盟，因為它們已經在對抗它那些最具破壞性的影響：從對除草劑免疫的野生植物，到被鼓動出現在無用大工程所在地，以期癱瘓該工程的保育動物[47]。更一般性地說，在某些點上，是可以存在被剝削的人與非人需要捍衛的利益趨同的情況，或至少是通過挑戰傷害它們的人，去改變它們的存有條件所需的一個共通基礎。就像 Léna Balaud 和 Antoine Chopot 觀察到那樣，Fleury-Michon 火腿廠的員工，就必須要學習製造一些與法國西部養殖業生產的豬隻，和充滿了硝酸鹽的泥炭沼澤，共通的政治問題。而這些政治問題，其實又跟巴西美洲印地安人被掠奪土地大量轉種黃豆以飼養歐洲豬隻，還有這樣的單一種植所破壞的生命環境等問題是共通的。如果要以「地理階級」（géoclasse）去討論人與非人之間這

些胚胎狀態的（或者說有待建設的）團結關係，那就必須要把他們構想成多元的、相互扣連延伸的網絡形式。養殖和屠宰場的員工、被掠奪的美洲印地安人、巴西大農商的農業工人，是跟布列塔尼的豬和泥炭沼澤、被森林砍伐所破壞的亞馬遜生態系統、被黃豆種植當中大量使用的除草劑和化肥所影響的物種、被海岸線迅速滋生的綠色海藻所干擾的有機生物等，相互依存的。這一切構成了一個巨大的網狀群體，其中的成員都在不同程度上，被一整套系統性的對勞力的剝削和被轉化為有利可圖的資源對環境的破壞所影響。我們也大可以構想別的網絡，圍繞在不同於資本主義設定的、並轉換為商品價值的那些人與非人之間的依存性周圍，進而相互連結以組成一些結盟起來的地理階級，就跟在十九、二十世紀純粹的人類階級鬥爭中所形成的國際主義一樣。

亞歷山德羅：這是根本所在：關注與非人群體的關係讓我們可以在人的群體之間勾畫出新的大規模結盟，而倘若這些人群還停留在產能主義——自然主義的框架下，他們就又會被經濟法則置入競爭與衝突之中。而這些衝突，很明顯，正合統治階級心意。舉個例子來說明這種衝突情境的人為因素，在資本主義的生態系統中，農業與放任一些自然空間自由發展的做法看上去是對立的。而在另一個視野下，當人不再尋求控制或是取代生命的動能，而是要與之結盟的情況下，自由發展便會成為農民生活一個不可或缺的盟友[48]。要組成一些地理階級，像你說的那樣，走向一種跨物種反資本的國際主義，破解這一類根本就不應該存在的衝突情境，當然就是很根本的。

在更一般性的層次上，我們前面已經提到過，常常有人批判對非人生物的關注在政治上太過缺乏戰力，甚至只是一個對現有系統來說完全可以消化的布爾喬亞問題。只要與生命體重新連結的問題還是作為一個個人問題被提出來，而制度整體不變，那情況就的確在一部分上正是如此。而那樣的話，就只會建議有條件的人讓自己奢侈一下，在他們自己的花園裡、到山林中漫步或是去秘魯參加一次 ayahuasca 營隊的時候，去練習像植物和動物那樣思考。與生命的再連接，在這種情況下，就只不過是一種為富人準備的心靈成長。

為了讓對生物的思考給統治階級提出更多難以消化的問題，思考就必須明言準備上升到制度的層級：要如何改變組織著我們與世界的集體關係的那些結構，才能讓它們賦予非人生物一種形式的內在性，和它們自身特有的利益與視角？哪些類型的制度顛覆可以讓與人不同的生物，脫離在大自然中任隨經濟肆意佔有的被動處境，為它們打開政治的大門？

　　這個極為簡單的觀察，只是指明了在個體及其陷溺其中的制度之間，存在著多種互為因果的力量，就已經足以劃出一道可能穿越信奉與生命重新連結的布爾喬亞階級和將再連結理論化的學術世界之間的衝突線。如果選擇第一種方案，個人方案，那就是同意沒有任何走出自然主義的可能，因為對現有的制度基本是大致保留。如果我們在這次討論一開始所說的，在自然主義與地球的破壞之間存在有機聯繫是真的，那我們也就得接受破壞差不多將以同樣的節奏繼續下去。我們可以想像，至少在暗地裡，主張這一取徑的人打算憑藉其階級特權，比別人多享受一點的生命。主要的那些統治結構都會維持下來，甚至得到加強，因為終歸是要保護必將越來越稀少的資源和自然空間，嚴防那些自認被剝奪因而也就越來越更加需要的人。

　　在第二種情形下，在我們公開質疑整個制度結構的時候，就必須承認，走出自然主義是不可能在一個萬能的經濟領域籠罩之下發生的。破除經濟法則的結構化力量和它們的客體物化力道，是期待我們與生命的關係能有任何實質性轉化的絕對必要的條件。但是，這並不是足以勾勒一個我們認為可欲求的政治規劃的充分條件，遠遠不夠。就像 Karl Polanyi 告訴我們的，法西斯主義是將經濟領域嵌回政治的一種方式 [49]。我們完全可以想像一個超級威權的國家用暴力強制要求將非人生命的利益納入考量，而同時將人之間的各種形式的統治予以強化 [50]。反過來，由抗爭領土，和更一般意義上，所有試圖裂解經濟領域，將政治權力以更平等的方式加以分配的鬥爭，所承載的社會計劃，都會把反抗對非人的統治，與一個更大的、對抗一切形式的統治的戰鬥混在一起。被這一視野所吸引的那些願意投身與生命再連結的人，就應該接受再連結意味著，對我們的社會組織將有一次大規模的重建，和在必要時候對他們的階級特權的挑戰。

菲利普：你描述的這種與生命的再連結，經常被構想成對非人在社會生活中一種更好的接納，我們可以把這個趨勢看作是晚期自然主義的一種徵狀。從十八世紀以來，就有人不斷將地球轉進自然主義構想成一種「自然的社會化」現象，人藉此將外在的被視為「自然」的事物——煤礦的化石森林、高原上奔騰的河水、可操控的有機組織、鈾原料的同位素、亞馬遜森林……都轉化為社會價值。這些外在事物，經過法律所有權被客體化，再由技術改造，被納入到社會之中，恰恰就是它們能夠展現其最大用處的所在。非人的社會化於是就是在工業社會的懷抱中，給它們安置一個它們最適於被剝削的位置——當成能量、原物料、食物、審美愉悅的來源——再承認它們具有一種社會存在：作為資本、生產工具、商業資源、休閒場所……

改換制度意味著再不能以這種方式來「將非人社會化」，即是說當作人的社會存在的衍生產物，而是相反要承認它們的自主性、它們徹底的獨立性、它們的他異性，賦予它們政治代表的能力。這就是防衛區民眾，當他們宣稱「我們沒有在捍衛自然，我們是自然在捍衛自己」時，已經在做的事。所有權關係也改變了意義：人不再將非人納歸於他們的網絡中，他們才是非人的一種衍生。以我對在荒地聖母所發生的實踐的理解，防衛區的民眾並不是在開發一片他們期望成為地主的領土，他們是以自己的實踐在陪伴一個接受了他們到來的生命環境。換言之，佔領這片領土在精神與政治上的基礎，在我看來，是因為人在那裡承認了自己相對於它的依賴性，那並非一種單純的物質性、情境性的依賴，而是一種存有論層次的依賴，其基礎在於意識到自己作為集體存在，在一部分上，是因為接納他們的環境的認可。怎麼確定認可呢？怎麼賦予沒有辦法聚集起來開會，參加對共同財富的討論的非人，一種政治上的表達呢？在荒地聖母所採納的解決辦法主要就是，在面向所有在場的人都開放的大會上，依照代表多種與非人協作的「行業」框架，去爭論公共事務：植物栽種、動物畜養、森林管理、灌木樹籬等等。蕎麥、綿羊和人造林各自特有的利益，於是以負責照料管理它們的人為中介，相互協商。這些人在某種意義上，作為非人的非正式代理人，必須找到一種共識，好讓非人能夠聲張它們的觀點。

替代非人的社會化的選項，就是讓它們作為得到完全承認的主體，回歸到日常的社會關係之中。所謂回歸，是因為它們在自然主義將它們驅逐出去之前，早就已

經是歐洲的人類社會生活中的一個組成部分，而且它們今天還是許多在現代化戰線上抗爭的集體的一部分。比如說，讓我們想想在歐洲，從中世紀末到文藝復興末期曾經那麼常見的動物審判案例，很長一段時間都被人不無傲慢地視作奇風異俗，其實對非人在自然主義興起之前的社會組織中所佔據的位置多有揭示。某些動物，通常是家畜，最常見的是豬，就像人一樣出庭接受常規的司法審訊，因為有人被牠們致傷、致死，在大多數情況下是一些低齡幼兒。審判一點也不是開玩笑：動物被關進監牢，一位檢察官要負責調查來確定指控，一位律師，有時候還頗負盛名，被指定來辯護。被告常常都會被判有罪，判處死刑，判決會在公開執行之前向牠宣讀，有時候牠還會被套上人的衣物，當著牠同類的面，以儆效尤。像對人一樣來審判動物，秉持的原則就是牠們也要對自己的行動負有責任。按照古代亞里斯多德學說，動物被認為具有一種「感性」靈魂，某些高級的物種，有神學家認為，甚至會有一種「知性」靈魂，在許多方面都跟人的靈魂相類似。別的一些動物，作為集體而不是個體，則會在宗教裁判中出庭受審，而不再是普通的常規法庭，那就是各種損害農作物、侵犯家屋的害蟲：昆蟲、毛毛蟲、象鼻蟲、老鼠、姬鼠，等等。在這裡也是，審訊依照規則進行，結果是驅逐出教，也就是說因行為不端而被驅逐出基督教社群── 這顯然是牠們在犯案之前，還是社群成員的一個確定指標。在這兩種情況當中，動物都必須服從共同的法規，因為牠們全都屬於一個更廣闊的社會宇宙集體，在牠們所在的那個位置，沒有誰能夠逃脫司法的管轄。這對於那些與人相近的物種，被人認定具有接近自由意志的辨別能力，因此必須對牠們的行為負責的來說，就更是如此。所以我們看到了，動物在歐洲被當作主體來對待的時代並不遙遠，當然了未必是對牠們有利，但是在制度發明上卻是充滿了可借鑑之處。

至於人與非人之間圍繞著保護地球的鬥爭而存在的當代實際結盟案例，也是數不勝數，無所不在。我只舉一個，很有代表性的例子，因為它超出了一種情境式的利益聯盟，畫出了一條超越生命互助之上真正的世界主義政治之路。那是發生在2006 年 12 月秘魯南部一次針對山區某座礦場規劃的抗爭行動。匯集到 Cuzco 大廣場的示威人群大部分來自於 Ausangate 山的在地村落，這座山脈被這一地區的美洲印地安人視為重要的神山。示威人群抗議將 Ausangate 山脈 Sinakara 峰的開發權交給一家

礦業公司。那裡的一座冰川腳下有一處聖地，每年 5 月在這個地方都會有一次非常盛大的朝聖活動，Quollur rit'i 節，紀念耶穌向一位年輕牧人現身的奇蹟。在所有人共有的朝聖活動之外，有些社群還會在 Quollur rit'i 節期間進行他們自己的儀式。所以很容易理解，在這樣一個聖之又聖的場所設置一座礦場的計劃，會引起如此巨大的爭端。

從秘魯人類學家 Marisol de la Cadena 訪談示威人群所知的他們的動機的多樣性，我們可以猜到這一紛爭的性質。有的人拉出生態運動的經典布幅（「反對開礦」、「反對破壞環境」、「保護我們的遺產」），別的人揮舞著 Quollur rit'i 朝聖旗幟，跳儀式聖舞的舞者則在人群中穿行[51]。對這一多樣性的詮釋，有位巫師的說法體現得很清楚：Ausangate 山的社群都反對計劃，因為礦場會影響他們放牧動物常去的高海拔牧場，但也因為，甚至更因為 Ausangate 山不允許 Sinakara 峰被攻擊，那樣它會殺人來報復。遊行的目的同樣也是為了防止 Ausangate 發怒。另一個示威遊行者，也是一位克奇瓦人，但是是從 Cuzco 大學畢業，就在 Sinakara 峰和 Quollur rit'i 聖地所在的村子擔任村長，他宣稱說，這群山峰，他一個一個叫出它們各自的名字，得不到它們應有的尊重的話，就會引發不可預料的災難。而他作為村長的責任，就是要阻止這樣的災難發生。

Ausangate 山的人並不是反對礦山開發本身，在小規模範圍上安地斯農人已經開發了好幾個世紀，在某些地區還在持續，礦工們都嘗試與大地深處強大的神明有智慧地共存。跨國公司的技術則完全不同：他們採取的是逐層篩取的露天採礦方式，很快就會把整座山徹底摧毀。手工採礦必須維繫與生活在山裡的生命的關係，不管這些關係怎麼困難，露天採礦則會讓這些生命與保護它們的庇護所都直接消失。礦業公司犯下的罪行，就不只是一次環境上的巨大破壞，而會是一種社會宇宙的毀滅。Cuzco 中央廣場上的遊行示威反映的就是這一狀況。我們看到的是大山和它們那些無形又強大的住民，明確地轉化為一些政治主體，由這一集體的另一個部分，人類，動員起來，參與抗爭它們可能受到的外部攻擊。攻擊的後果不只會影響大山本身，而是由人與非人成員共同組成的這一整個集體。

我並不是要建議我們重新開始把動物拉去司法審判，而是應該從歷史和當代社

會人類學所提供的例子當中汲取靈感，嘗試想像一些在制度上可行的代理非人行動力的形式。為此，鑑於現代社會裡法治的力量，可以想到的首先就是一些司法機制，透過這些機制，非人可以將人類社會化，而不是反過來。這可以帶來一種產權定義的翻轉，就像薩拉雅庫社員所想像的那種模式。我們的確可以想像說，有代表權的，不是個體或是集體存在本身——人類、國家、大猩猩、跨國公司或國際貨幣基金組織；而是一些生命環境，也就是處在或大或小的空間當中的生命之間某種類型的關係，不管這些空間是什麼屬性：流域、山區、城市、海濱、街區、生態敏感區域、大海和海峽、樹籬田。將非人社會化，不是要賦予自然什麼特定的權利，而又不給它提供任何真正行使權利的辦法，而應該是致力於讓獨特的生命環境和組成它的一切——包括人類——能成為政治主體，而人類只是它的代理人。有法學專家已經證明，這樣的一種翻轉在法律上，就在現行法治的條件下，都是可能的[52]。例如 Sarah Vanuxem，就提倡超越承襲自羅馬法的區分：物為法律對象，人為法律主體。她建議我們把物，包括土地在內，構想為一些環境、居所或住處，人要被看作這些物的住民，而產權則是物中的一些位置。居住能力意義上的產權，就會取代宰制能力的產權。在檢視了法國地產佃戶權的具體案例，追溯了中世紀的司法理論之後，Sarah Vanuxem 很有說服力地證明了土地之所以是不可被擁有的原因——人擁有的只是對土地的權利，而非土地本身——就在於物其實才是自己的擁有者，包括土地，所以也可以說，它們也擁有對別的物的權利，甚至包括對人的權利。簡單說，並不是不可以將土地交還給它們自己享用，承認它們擁有自身產權，包括佔據著它們的人。

　　這樣一來，是關係系統而不是存有之質性才應當是構成一種新的價值普世性基礎的觀點，就可能取得一種具體的政治表達。人類，以其代理人身分，就將不再是權利源頭，再無法合理化他們將自然佔為己有的行為；他們將會是多重自然非常多元的代表人，變得與自然在法權上不可分離。請注意，這樣的一種觀念，乍看之下，只會在與我們當前法治與政治體系的個人主義基礎相對照才很奇怪。因為民族學和歷史學給過我們眾多的實例集體個案，其中人的身分就不是從所謂與人普遍相關的普世能力衍生而來的，而是因為他們屬於一個特定的集體，當中不可分割地混合了領土、植物、山脈、動物、場所、神靈和一群別的存在，彼此都在不斷互動。在這

樣的系統中，人類並不佔有土地或「自然」，他們是被佔有。這正是所羅門群島上，美拉尼西亞 Malaita 島的 'Are'are 部落首領，在談到當地奉行的土地持有原則時所說的：「'Are'are 人不會擁有土地，土地擁有 'Are'are 人。土地擁有男人和女人；他們是來照顧土地的[53]。」土地在這裡不單純是指土壤，而是一個與長眠於此，繼續護佑生者的祖先緊密相連的撫育實體；紀念祖先、保護他們的墓地、完成儀式以及造美麗的花園、建大房子和辦豪奢的慶典來美化大地，就是生者的義務。

這種類型的與土地的關係，土地擁有居住其上的生者，而生者必須向土地表達敬意，我們剛剛看到，在現代法治當中也並非不可想像。甚至最近開始已經有了初步的司法表述。我們可以想到的是，比如說，許多國家開始提出賦予一些生命環境法定人格的做法：紐西蘭的 Whanganui 河與 Taranaki 山，加拿大的 Magpie 河，哥倫比亞的 Atracto 江……這些決定打開的縫隙，遠遠超過了對一個生態系統內在價值的承認，與人把它保存好會得到的利益脫了鉤——這其實已經很不錯了；這道縫隙更保住了一種可能，即這樣一種法權自主性審視之下，人與非人的協作中擁有權利的會是非人，佔有過程也會顛轉方向。換言之，就是要賦予生命環境主動權，透過其人類代理人的中介，挑選它願意與之共存的是誰。

亞歷山德羅：以我們把荒地聖母的樹籬田當成人在談論的自在程度，和我們給它一種性格的說法——時而溫柔，常常調皮，滿口爛泥吞沒一切——時的自發狀態看，我覺得賦予它一個法律人格是很自然的。在防衛區，我們的確覺得自己是受到它的接待，跟所有的客人一樣，我們都很自然覺得自己有回報的義務。不過，我認為，法律工具應當被看作是服務於領土抗爭的眾多武器中的一種，而不是反過來。在你舉的 Ausangate 的例子裡，大山走到了前線，帶著它那一幫人和神靈，因為本來就已經有一個決心要捍衛它的社群在。單單一個法律身分，可能並不會造就一個抗爭的社群。沒有這樣一個社群，在一個被經濟領域統治的世界裡，我們很容易想像大財團能夠找到辦法繞開問題，然後繼續開發那個生命環境。最好的狀況下，經過非政府組織多年積極努力的抗爭，他們也只會被判決支付他們完全有能力支付的一筆罰金。至於讓人被生命環境及其非人住民接納這樣一種視野的總體顛覆，同樣也很難

看出，僅以法律變革為基礎的話，究竟怎麼能夠達成——縱使法律變革是一個必要因素。所以又掉回了同樣的問題上：在一個經濟領域已經取得了一種如此結構性的權力的世界中，法律機制本身也都注定陷入一種相對的無力狀態，如果它們沒有跟更廣闊的抗爭連結起來的話。

菲利普：這沒錯，但是有兩點要記住。首先，為一個生命環境爭取一分法律人格是一個非常具體的抗爭目標，可以比大計劃更為有效地動員不同的群體；又還足夠抽象，可以把客體物轉化為主體，或是跳脫經濟對社會生活的控制。這正是毛利人成功地讓紐西蘭國會確認 Whanganui 河新的身分時發生的變化。另一方面，所有權方向的顛轉——由環境朝向人，而不是相反——對一些自然主義公民來說，代表著一場神奇無比的思想革命，可以想像它將帶來在思想習慣與實踐當中更為巨大的顛覆。改變世界首先是在頭腦裡，因為制度就是一些通過實踐化身為實踐的觀念。

你來嗎？我們要去
Melun 車庫那邊找輛
車塗鴉。

在這些事件之前，政治決策都是由人來制定的。

就連在公社議會也都只有人嗎？

那個時候還沒有公社議會，絕大多數的決策都是由一小撮人在民族國家或是之上的層級制定的。

是牠創建了公社議會嗎？

不是直接由牠。非人進入政治一開始是以象徵的方式，就在牠駕駛著一輛勁根地區間車闖進愛麗舍宮的當下，那車身畫滿了奇怪的圖樣，意涵到今天為止都還沒有完全被釐清。

然後，牠前往國民議會，控制了過半議員。其中沒有互相吃掉對方的議員投票通過了各式各樣的法案，打開了轉型化身體驗的路徑，自那以後，這類體驗被普及開來，促進了物種之間的外交關係。

那他們以前跟植物或是動物意見不同的時候，是怎麼弄的呢？是有發言人嗎？

嗯……我們去那邊陰涼的地方坐下來，複習一下最後的幾節歷史。我應該是講得太快了，的確那是個很複雜的時期。

7

破除經濟領域之
霸權

透過人類學素材的視角，思考「經濟領域霸權」這一說法具體意味著
甚麼；繼續追問有哪些方式可以將它擺脫

亞歷山德羅·皮諾紀：我們已經指出，經濟領域籠罩一切的強勢特質是最主要的一道障礙，阻止了任何一點實質性的社會轉化，特別是禁止了對非人的利益加以嚴肅的制度性考量。我們提出了一種構想——比較樂觀——認定我們今天穿越的這一歷史時期中，在生態危機與世界除魅之間，針對經濟遊戲規則展開的鬥爭會解放出空間來，讓同受壓迫又一起抗爭的人與非人之間，一種團結互助可以越來越自然地展現出來。是在這些空間中——既是本義又是引申意義上的空間——才能出現一些能夠跳脫自然主義的存世方式。今天，經濟與自然主義如此密切勾連，以至於對一個發起抗爭就必然也是對另一個發起抗爭，而且反過來，嚴肅攻擊一個就也是削弱另一個的一種方式。為了落實正在開始形成的政治計劃，或許有必要理解「破解經濟領域霸權」具體意味著什麼。要怎麼去對抗這種可怕的、會賦予被統治者一種被自然化的客體對象身分的統治工具？要回答這個問題，可能就得先回到經濟是怎樣取得了這樣一種強勢位置的。它是怎樣從社會生活當中「抽離出來」，轉而統治並決定社會生活的？這正是 Karl Polanyi 在《鉅變》當中特別陳述的研究成果。

菲利普・德斯寇拉：在寫完《鉅變》之後，Polanyi 在一項集體研究架構下，大幅地發展了他對當時被稱為各種「前資本主義時代」經濟的研究。是他第一個提出了那個時代各種經濟活動跟資本主義時代不同，還都「鑲嵌」在社會生活之中的觀念。所以他在《鉅變》當中所描述的從十八世紀開始演化的資本主義是一個徹底的新事物。在那段時間，我們已經說過了，經濟領域變自主了，而就在同時，人類歷史上第一次同時出現了一個勞動市場和一個土地市場。早期的經濟學家將那次自主化論述為一種社會關係型態，不同於普通的階序與互助關係——諸如家戶、農民、村社、或家族與政治依附關係——，而是變成了人與自然以及人之間，一種與生產和財富佔有、勞動力調度及商品流通相關的特殊關係。這樣便出現了一類特別的現象，過去當然也存在，但卻是交織在親屬關係、政治統屬與依賴關係，混合在有關合理價格或正當利潤的那些法律身分與道德考量之中。所以研究資本主義之前的「經濟」，對理解資本主義極為特別的性質，及其在人類制度史上例外的特性來說，可謂是先決條件。其實，開始的時候，就是這一點把我吸引到了人類學。

亞歷山德羅：我們還是可以說「前資本主義」經濟嗎？我的意思是說「前資本主義」這個表述似乎包含了一些進化論的痕跡。好像是說這些經濟注定就是要朝資本主義發展的。

菲利普：這個詞可能有些笨拙：「前」這個前綴，指的只是一種在時間上的先後順序。談論前資本主義經濟可能會讓人以為，就像傳統的經濟學家宣稱的那樣，彷彿從來就存在著一種經濟現象自主的領域，只是在經濟學作為科學出現以前，人們沒有意識到而已。所以與其講經濟，可能不如說，在一個資源有限的世界中，對人類生活必需的能量流的創造、流通和控制，就像 Nicolas Georgescu-Roegen 所說的那樣，我的博士論文討論阿秋瓦人的「經濟」就是受到他的啟發[54]。再回到新生的資本主義，它所做到的非同尋常的一招，就是把經濟從別的社會關係當中抽離了出來，而且是以一種弔詭的方式，是將生存的所有面向都放置到商業交換之下，尤其是勞動、土地和基本民生物資。而前資本主義經濟的一個特徵，相比之下，就是物資流通領域是

分開的，不能任意拿一種物資與任意另一種物資作交換，Polanyi 就是因此才開始對這一問題產生興趣的。

亞歷山德羅：這就是價值的不可比性，Joan Martinez Alier 的《窮人的生態主義》專門討論過[55]。在非商業社會當中，存在著交換領域和價值領域，彼此之間是不可比較的，也就是說，兩個領域的內容不可能進行兌換或是相互代替。經濟領域壓倒一切的強勢，主要的效果就是它使一切事物和一切存有都可以跟任何別的一切相比。在我們這個已經經濟化的世界裡 —— 越來越多的實體和過程，都已經被化約到最終只剩作為商品的存在模式 —— ，你花園裡的知更鳥，每天你跟牠說話的那一隻，不僅可以跟任何一隻別的知更鳥相互替換，而且也可以跟任何別的價值相等的存有或物品相替換。你跟牠共同構織的故事和情感聯繫被判定為不存在。你要讓這些故事和情感存在的唯一方式，就是賦予它們一個經濟價值。

對抗經濟領域的霸權，就是要對抗這種普遍化的可比性，強調存在著多種多樣的價值類型，不可能把它們彼此化約，輾壓在商品價值這唯一的一個軸向上。

菲利普：完全如此。我認為再多看一下這一顛覆性的轉變非常重要，因為現在的情況，這種組成世界的所有一切都通過金錢而有了普遍化的可比性的情況，在我們看來以為是從來就自然如此，其實是個相當特殊的歷史偶然。在非商品社會中，是有以財富為基礎的社會地位的不平等，這樣的社會很普遍，但財富是由聲望財而不是民生財構成的；而且聲望是無法兌換日用民生物資的。這種財富類型的劃分，最早是在1930 年代由美國人類學家 Cora Du Bois 在他研究美國太平洋沿岸的美洲印地安人陀羅瓦－土土尼人（Tolowa-Tututni）的時候提出的。這個完全是以狩獵、漁獲和採集為生存方式的社會裡，財富和政治影響力上的不平等 —— 甚至會有因為債務而淪為奴隸的情形 —— ，並不是關於日常消費的物資，而是集中在貴重物品上。第一類民生物資非常豐盛，所有人都可以取得，而第二類 —— 從首飾到儀式秘語 —— 卻是激烈競爭的對象，只能通過一種貝類貨幣取得，而這種貝幣從來不會用來換取民生物資。所以這些貨幣和聲望財是在一個完全不同的閉環當中流通[56]。經濟學家 David

Ricardo 的「羅賓遜模式」—— 這是馬克思起的名 —— 想像一個原始漁夫與一位原始獵人做交易，會計算他們各自產品的兌換率，就彷彿他們是以倫敦交易所的股票牌價在交易財產一般；可與此相反，Tolowa-Tututni 漁夫是無法賣魚來換取貝幣，然後再用貝幣來買肉的。跟商品經濟不同，商品經濟裡貨幣作為民生物資交易幾乎專屬的中介，是可以積累以獲取聲望的，而這裡的貨幣與民生日用卻是完全分離的。

　　後來的人類學研究發現，這樣階序化閉環分隔型的財富流通在非商品社會裡是很共通的。比如說，Paul 和 Laura Bohannan 就證明了在奈及利亞的蒂夫族（Tiv）那裡，財富是分為三大專屬交易領域，每個領域都代表了一種特別的物品和價值世界。每一個財富類型都有一個不同的名字。日用民生財，比如食物、工具、原材料、本地生產的器皿，是在自由市場上以物易物地流通；而聲望財是一個混雜類型，包括奴隸、牲畜、馬匹、儀式職位、銅條、藥物、魔法和布料，它們彼此之間依照固定的比率互相交換；最後是女人，是在一個由男性控制的家族群組之間非常複雜的婚姻系統框架下進行交換。當英國殖民者引入了貨幣作為一種普遍化的硬通貨，蒂夫族人很快就把它看作是一種干擾因素，所以他們首先試圖把貨幣限縮在一個第四類交易領域中，就是只能拿來跟貨幣自身和從歐洲進口的物品做交換。這一嘗試當然沒能持續，貨幣最終是打破了原有的分隔，變成了一種普遍硬通貨[57]。

　　非現代社會當中財物流通模式的多樣性和分隔狀態，最根本的效果就是使生活的必需品不受財富獵取競爭的影響。因此，這些社會當中有的存在著社會地位不平等，但並不會使得較少擁有聲望財的人就必定生活困頓。最極端的不平等是當社會競爭，在一個所有物資和所有服務都以貨幣為中介可以相互替換的市場框架下，從獲取稀有珍貴物品轉向了消費物資和生產工具毫無節制的積累之後才出現的。而所謂的原始貨幣（以貝殼、鹽塊或銅片為基本類型）不會這樣，因為它們從來就不是拿來換取土地、勞動的，囤積貨幣並不會在有和沒有貨幣的人之間，引入這種在資本主義商品社會裡劃分開富人和窮人的可怕的生命之不平等。

　　Polanyi，又是他，寫過一篇關於亞里斯多德發現他那時的古希臘市場經濟萌生的文章[58]。也許是因為亞里斯多德想到了那種系統性地為追逐利潤而進行的商品生產，開始對城邦的平衡產生衝擊，所以他把兩種形式的經濟對立起來：一種是「自然的

獲取藝術」，另一種則是他稱之為「唯利是圖的謀財學」。前一種是指家戶單位為滿足需求而進行農業生產的正常活動；而第二種則是一種純粹追逐利潤的獲取術，因此，「對財富沒有設定任何的限制」[59]。

亞歷山德羅：很有意思的是，在荒地聖母的抗爭中，一個奇妙時刻是當一些諮詢調查公司派了一批很有誠意的年輕人到防衛區進行影響評估和測量，好讓未來機場工程的得標者 Vinci 公司在之後進行「生態補償」，也就是說，在某個別的地方去製造或是保護幾片被認為與在防衛區將會被摧毀的生態系統價值相等的生態空間[60]。有趣的是，這群很有誠意的年輕人，一開始搞不懂為什麼防衛區的人要把他們趕走。他們深深地接受了普遍化的可比性原則，以至於他們不會覺得賦予防衛區的池塘一個交換價值，好讓 Vinci 公司可以免責，以這種或哪種方式補償他們摧毀的，有什麼不對。縱使說起來，他們可能也會批判自由市場的概念，可是這個概念是如此深入他們的內心，以至於他們無法想像另一種可能的道路，而那條路上，人與池塘、草地所構織的這些日用與情感的連結，是獨一無二、不可替換的。

這正是領土抗爭能夠引起這麼多希望的一個原因。因為它們自身，在本質上，就承載著價值的不可比性理念，帶著對經濟主義和自然主義的雙重排斥。通過抗爭，人們宣告，人與一片領土構織的情感連結、人們長時間在那裡發展起來的整個日用方式、人與非人之間一點一點縫合起來的社會連結網絡，都是無可取代的。它們絕無可能，不管以如何精妙的方式都不能，被化約為一種商品價值，進到經濟交換的領域裡。

這一價值的不可比性原則其實也完全可以跟金錢的使用共存吧。蒂夫族人沒能夠把英國貨幣保留在一個單獨的循環裡，但是我們還是可以想像一些以此為目標去構想的制度，不是嗎？

菲利普：構成價值可比性威脅的並不是貨幣本身，甚至也不是因為貨幣可以用來將某一種類型的財富兌換為另一種類型的財富——早在資本主義出現之前，人們就已經在市集廣場上使用貨幣了，威脅是因為，就像馬克思所說的那樣，人會利用商品

交換來賤買貴賣：錢不再是作為中介來兌換農民出售的農業產品，以換取他所需要的工具或是家具，在商業資本主義裡，錢的累積變成了目的本身，而流通的商品只不過是獲取利潤的一個工具而已。

在非商品交換系統裡，比如說 1970 年代的阿秋瓦人那裡，個人之間物品交換的目的並不是要獲得利潤，甚至也不是要讓稀有物資流通，而是要在交換夥伴之間建立或是強化一種連結。在阿秋瓦人那裡，既沒有市場也沒有貨幣，在群體內部流通的一直是同樣的物品：主要是男性之間的槍，和女性之間的狗和種苗。

亞歷山德羅： 阿秋瓦人那裡，我想亞馬遜別的地方也一樣，別人送你一個禮物的時候，立刻回贈一個價值相等的物品是很不恰當的。甚至會被看作是一種敵意的宣示，像是在說「我不想因為欠你一個人情而跟你連結」。在一個友好的關係當中，回贈禮物要到幾個月甚至好幾年以後。

可能有人會在這裡用經典的規模論據來批評我們：在亞馬遜社會裡大家彼此都認識，也許可能不需要普遍化的可比性，但是在一個更大的尺度上，當社會復雜化了，普遍可比性最後總是會形成。在這一點上也是，這種進化論觀點是被人類社會歷史否證的。普遍化的可比性更像是一次晚近偶然的變故，而非一種不可避免的宿命。一些巨大的都會中心（加泰土丘 Çatal Höyük, 烏魯克 Uruk, 特奧蒂瓦坎 Teotihuacan），組織模式極端複雜，與外界也保持了緊密的關係（商務貿易、人員與知識的流通），卻似乎保存了好幾百年專門防止出現財富與地位失衡現象的制度。有些學者認為，北美大陸的歷史，在被征服強加的暴戾轉變之前，也有許多這類的例子。因為深受嚴重不平等的城邦（例如密西西比河谷公元 1000 年前後的卡霍基亞城 Cahokia）遭廢棄拆除的慘痛經驗影響，人群後來組織起來就是要避免這樣形式的社會再度出現 [61]。沒有國家型態的結構，依據不同視角，可以被看作是一種匱乏或是一項成就，同樣，普遍化的可比性之擴張和隨之而來的不平等與暴力，也可以被分析為一種成功、一種宿命或是一種人沒能阻擋的偶然變故。

菲利普： 考古學家勾勒的卡霍基亞歷史還有很大的猜想成分，我們並不真的知道在

這個都會中心陷落之前，最主要的社會組織是什麼類型，也不知道它為什麼被廢棄；更不用說當地主流的社會秩序是否引導了附近或是更遠的人群決定長期拋棄一切形式的不平等秩序。而我們知道的，話說回來，人類歷史上最長的一段時期裡不存在市場這件事，是因為市場對於遠距離貿易來說甚至都不必要。Polanyi，我們總是說到他，在跟他的同事一起進行的研究當中，就是我剛剛提到的在哥倫比亞大學有關阿茲特克、兩河流域及達荷美（Dahomey）等古代帝國的地方貿易與遠距離貿易的差異的研究課上，證明了這一點。他們的研究指出，在這樣的帝國裡，遠距離貿易是由國家管理或是交由一個專業的貿易商階層負責，他們並不是從商品的流通當中賺取金融利潤，而是因為他們的職務獲取報酬。「國際」貿易中的兌換比率，不管有沒有透過一種貨幣的中介，都是由國家之間商議決定的，是在一些類似「自由港」裡面執行，所以並不屬於一種自由的價格市場。這樣的話，無論是在一個群體的內部還是在與外部的貿易當中，財物的不同循環管道之間的分隔狀態就都可以保持。其實，國家之間的遠距離貿易中還有一小部分繼續是脫離直接的商品邏輯的；今天就跟過去一樣，它可以是一種施加政治影響，甚至是宗主保護國關係的方法，例如在蘇聯與古巴之間的石油貿易。

必須強調的是，縱使現在，在資本主義世界裡，更不用說在此前的制度下，都存在著美國人類學家 Annette Weiner 所稱的「不可剝奪的財富」，一些脫離了商業利益化的事物，構成了讓別的財富得以流通的固定點[62]。也許，商業利益化，或者說共同財的私有化，在日漸增加：經過十八世紀土地、勞動力和民生物資自由市場的巨大斷裂之後，又添加了知識、照顧、人體的生物材料及服務、自然提供的生態系統服務、和許多別的事物的商業利益化。但是，有些現實繼續是不可剝奪的，因為它們是一個集體或一個個體認同的象徵性基礎：一部憲法，比如說，或者一個系譜。

8

價值系統
多重化

提出有必要將民生物資抽離普遍化的可比性,強調轉換多重價值系統
之重要意義,因價值系統乃形成對自我與他人的尊重之路徑

亞歷山德羅・皮諾紀:交易領域自主這個想法很有吸引力……食物社會保險、無條件自主本金或是普遍經濟擔保等計劃[63],都是朝這個方向去的:開始把基本民生物資供應從市場遊戲裡自主化出來。可是鑑於目前的力量對比,和一個任勞任怨的原子化勞力儲備對有產階級來說多麼性命攸關,這樣的計劃就沒什麼機會問世,不然就是實施的條件會被構思來產生與我們期待的效果完全相反的效應[64]。此外,在如何落實這一問題之外,無條件基本收入這類願景本身也引起一些疑問。首先,這可能會變成對國家來說一種強有力的控制工具,如果國家突然決定要以它方便的標準來限定資格的話。然後,如果聲望還是建立在消費的基礎上,而消費又是服從於市場法則的話,那麼對地球的毀壞就會差不多以同樣的節奏繼續下去。最後,這種分隔本身並不是對價值的普遍可比性的挑戰。當我們在講非商品社會裡財富循環的自主場域,我們關注的是交換價值。但還存在著許多別的價值系統,表現在社會生活的別的面向上,而以解放為願景,就應該更希望一邊保證它們獨立於交換價值,另一邊彼此之間還不可比較。在我們這裡,不只是所有的財富都是在同一個場域裡流通,而且這個場域還把其他所有的價值系統都吸空了。它把一些原本並不是交易物資的

元素都變成了交易產品，而商品價值的標準也延伸到了存在的所有面向。經濟資本與文化資本之間的確是有一種區分，但是，一方面，這些資本往往都被同樣的人佔有，而另一方面，文化資本也越來越自發地依照它轉換為經濟資本的能力在被評價[65]。

　　當一位共和國總統的用語當中大談贏家和輸家，大家普遍感到震驚的是，沒有什麼或者幾乎沒有什麼是為眾多的輸家準備的。其實也有，就是那套說辭，用來抹去結構的角色，試圖說服輸家是他們自己要對他們的失敗負責；還有就是，用來懲戒關押那些不肯那麼乖乖接受這一失敗的人的制度。不過，在這一切之前，問題其實是贏或者輸，都是按照極其特別的那些單一規則進行的：輾壓競爭對手來讓自己發大財。若依照別的遊戲規則，稍微人性些的規則，這樣的勝利會是最為慘痛的失敗。像防衛區這種類型的自主領土不斷增多，可以一方面將生存與財富脫鉤，這樣便能給所有那些不能或者不願玩普遍可比性遊戲的人提供一種生活的可能。另一方面，聲望將不僅僅是與財富和消費之可能脫鉤（甚至可能呈反比的關係），而且會是跟所有的單一價值系統脫鉤；在絕對意義上，將不再可能贏或輸。

菲利普・德斯寇拉：這的確是在防衛區或者是墨西哥恰帕斯（Chiapas）的薩帕塔主義自治區（即 caracole 俗稱的蝸牛）這樣的另類社群當中發生的事。在以團結互助機制來預防出現以財富積累為唯一基礎的聲望落差之外，也要努力防止來自於個體層級的大小不對稱所產生的不平等。縱使是在那些不存在財富與身分地位不平等現象的集體當中——我想到的當然是阿秋瓦人——還是有些個體會因為他們的才能而更被人看好：他們很勇敢，在戰場上很靈巧、打獵時很走運，他們很會說話，知道怎麼贏得信任、操縱聚集的人群，他們擁有這種很難定義的，被稱作個人魅力的品質，使他們在公共事務上更能夠主張他們的觀點，帶動身後的一組意見群，甚至是一幫人。跟 Clastres 所寫的相反，在亞馬遜最常見的政治制度並不是「無權領袖」，那樣一個有點可笑沒人會聽的演講家，功能只是為了展現集中在一個人手裡的權威是多麼無效，因而，便能預防國家的出現。更常見的情況是，就像在阿秋瓦人的集體那樣，除了家族首領之外根本就沒有首領，而每個家族首領彼此都是獨立的。但

這並不妨礙他們中的有些人可以在某些場合成為「偉人」，也就是一些派系的領袖人物，對他人施加一種真正的權力影響。我們從古老的類人猿系繼承下來的，除了一種集體存在的模式以外，還有一種分配很不均勻的能力，就是操控他人，而在我們這個物種裡，更因為掌握了語言而被放大。縱使是在平等的集體當中，由於與共同生活相關的決定對於人類如此重要，這種能力在建構聲望的微觀階序當中還是扮演著一個核心的角色。所以，正如你所說的，鼓勵發展價值的多元性以建立對自我與他人的尊重非常關鍵。

回到交換的另類形式這個話題，我有一個問題：防衛區是否使用一種在地交換系統（Système d'échange local 簡稱 SEL）？在法國各地，一些邊界清楚的社群裡，人們會按照協商的比率，通常是以共識穩定下來的比率，跳過官方的貨幣，來交換物資和服務。與主要是用來投機的虛擬貨幣不同，SEL 是保障在地兌換的交易工具，沒有贏利的可能。系統運作的基礎價值單位對應的是勞動時間或是一些具體操作，比如說，替你的鄰居鋸木材來換取一堂英文課。這是在貨幣流通之外進行物資與服務換算的一種方式。

亞歷山德羅：沒有，在防衛區本身，還有我相信，大多數與防衛區建立了互助關係的領土和抗爭行動中，物資和服務的交換沒有經過任何一種形式的估價或是記帳。互助要麼是自發的，要麼服從於針對具體個案由集體決定的規則。比如說，如果一片菜地認為缺少自發的支持，那就可以決定每週一個上午，每個享用菜地產品的集體就得派一名成員去當幫手。交換就這樣密不可分地交織縫合於領土的社會生活肌理之中。但這是一個大家都關注、討論、長期努力的課題：如何避免經濟領域強加的價值系統暗中侵入防衛區。比如說，要設置怎樣的制度結構以避免，在創設投入一個共同資金的時候，那些從事獲利相對較好的活動的，像是大木工匠，就覺得自己比那些投身於獲利較少的活動，比如菜地種植，因為菜主要是免費發放給防衛區內部和別的抗爭活動，更有正當性？這些問題在目前這個階段更是特別棘手，因為防衛區正在努力加固自己的法律門面，而國家及其各大機構，特別是省議會，正試圖用盡所有辦法來讓這裡建構的一切失去活力——恰恰就是在強迫防衛區服從於經

濟遊戲的規則，而首當其衝的就是贏利的要求。就抵抗的工具來說，防衛區現在正努力制定一項「慣俗約定」，其中主要就包括一個金融互助合作社系統。

在這個問題上，一個很有意思的點是，防衛區的一些住民領取國民互助金（RSA）這件事，對外部的觀察者，支持或反對防衛區的都有，造成了多大的困擾。接受來自國家的一筆收入，不管多麼少，在他們看來都是一個污染因素，僅此一點，就足以令防衛區期望從經濟遊戲中自我解放的訴求可信度成疑。而我們剛剛才討論過，問題並不是金錢本身，而是金錢的出現可能引發的普遍可比性。金錢當然是一種可能的干擾因素，就像在蒂夫族那裡一樣，但是當金錢是在一些專門構想來預防普遍可比性，維持價值系統多元性的制度與社會結構當中流通的時候，它就完全可以被無害化。如果說，這次我們站到國家這一邊，也就是接受普遍可比性，那麼撥給防衛區人的國民互助金就不只是正當的，而且甚至是不足的。如果我們剛剛所說的有道理，防衛區是在為未來的宇宙觀奠定基礎，那麼每月 564 歐元相比於任務之艱巨實在是一筆非常微薄的報酬，尤其是你拿這跟某些大公司從國家那裡領取巨額補助卻是去維護正摧毀著這個世界的那些邏輯相比較的話。就像 Loire Atlantique 那位前省長在某個走神的時刻跟我說的那樣：「防衛區人報酬理應再好些……」。

在防衛區那樣極端特別的條件下，國民互助金是有助於取得某種形式的自主、掙脫經濟遊戲規則的一個工具——這或許正是國家拒絕把它延伸到 25 歲以下的主要原因。我們已經談到圍繞無條件基本收入這類構想的某些困難——它們與普遍可比性的曖昧關係，或者更現實一點講，它們似乎也並未真的就要出現在地平線上。不過且不論現實如何，這個理念你是否感興趣呢？

菲利普：我花了好些時間才認識到無條件基本收入的正面意義。對於我這一代人，深受戰後主流的政治哲學和馬克思主義，還有經典的政治經濟學大家，首先就是亞當‧史密斯的影響，勞動在很長時間裡都是核心價值，同時是異化和解放的工具。我們都支持沙特在《辯證理性批判》裡的論述，強調人類可能性的表達就在勞動；受薪勞動與它體現的經濟剝削，不過是人所具有的改變自我、通過自己的活動改造自然，以創造命運，這種創世能力的變態形式。所以對於我那一代滿懷革命期許的

年輕人——得補充一句，那是全民就業的一代——來說，很難想像有種世界，從異化中解放出來的勞動將不再是人類解放可以依賴的核心價值。的確，我自己能逐步拉開與勞動價值作為人類尊嚴之基礎的距離，是跟我自己長期研究阿秋瓦人的勞動相關聯的，既包括他們對勞動的構想（這是我第一篇學術論文的主題），也包括他們花在勞動上的時間。撇開細節不談，我們可以說他們平均每天只花三到四個小時來滿足他們的需求，同時還能生活在一定程度的富足狀態，不認為在勞動上疲於奔命是維持尊嚴的條件。所以我已經能夠接受人可以獲取維生所需，縱使清貧，以從事一些並非直接有利可圖的活動，而這些活動可能對社群相當有用；簡單說，就是人可以，如常言所講，不要失去生命去掙生活。

亞歷山德羅：對到阿秋瓦人那裡的西方旅行者來說，一件讓人吃驚的事是他們的園子非常小，周圍都是森林。習慣了資本主義的觀察者禁不住就會想，為什麼他們不把園子開大一點。

菲利普：園子可能在西方眼睛裡很小，但已遠遠超出了阿秋瓦人的需求。在計算過十來家人園子主要作物的生產效率，測量了他們每天在園子裡採摘的平均食物量之後，我得出的結論是，相對於食物需求，所有的園子尺寸都過大[66]。有些園子甚至大到必要尺寸的十倍之多。這樣的安排並不是為預防欠收，或是準備應對氣候變故，更不是為了取得可能的富餘，拿去市場銷售，因為市場都還不存在，而是出於追逐聲望所需。對一個男性來說，修建一座寬敞的房子，周圍弄一片廣闊氣派的園子，對一位女性來說，種有大片除草齊整的作物，品種特別繁複，花色格外多樣，招待客人極盡奢華，木薯啤酒喝個不停，山珍野味吃個沒完，所有這一切都是以非常顯擺的方式在展示那一家人的自尊和他們希望佔據的地位。

即使如此，正如我已經說過的，阿秋瓦人每天只花他們很小一部分時間來確保他們的生存所需，而勞動時間只需稍稍增加一點就可以保證他們獲得更大的富餘。在這一點上，你說得對。然而，他們沒有這麼做。因為這裡碰觸到的是一個關鍵，即他們對於應當用來滿足日用所需的時間有怎樣的理解，大致可以表述如下：無論

每個人的個人能力如何，對所有人來說，平均為此花費的時間存在著一條同樣的上限。這也就是說，一個阿秋瓦人，無論男女，評估自己應當付出的平均勞動量是與在這個勞動中實際可測的生產效率不相干的，這一評估完全是由當地人對時間在滿足物質需求與休閒之間的分配規範所決定。的確，我們一定會很驚訝，所有阿秋瓦男女，不管他們居住在何處，花在這些任務上——其實依照性別分了很多種——每天平均的時間都差不多。這一現象在別的某些被 Marshall Sahlins 形容為「富足社會」的部落人群裡，也可以觀察到，這就挑戰了所有的社會經濟自動進化論，就像我們批判過的那種那樣 [67]。勞動時間的增長存在文化限制，這一點的確構成了可以解釋一些非現代社會數千年裡，能維持生命環境潛力運用系統穩定性的一個決定性因素。如果說生產的強化在歷史上是通過對日均勞動時間逐步延長實現的，那麼很明顯，只要對這一延長設定社會性障礙，效果就是會讓現有供應系統長期得以維持而不會發生重大變化，只要它能繼續達成社會指定給它的目標。而且實驗研究證明，從石器工具轉換到金屬工具節省的時間就是這樣。最有名的是 Richard Salisbury 在新幾內亞高地的希安人（Siane）那裡做的實驗，他計算了這些火耕農花在砍伐工作上的時間，在採用了鋼製斧頭和砍刀之後，減少了六到七成 [68]。但他們的反應不是像好的資本主義信徒那樣，把省下的時間用來增加芋頭和山藥的產量，拿去他們本該發明的什麼市場上去賣，希安人選擇把時間花在他們最喜歡的事情上，就是戰爭和祭祀。阿秋瓦人，跟希安人還有許多別的民族一樣，選擇限制自己的勞動時間和生產量體，就構成了對所謂一心只求將自己經濟利益最大化的 *Homo œconomicus* 經濟人這一觀念之普世性，最活生生的反駁。

9

自治領土與
國家

勾勒一個讓國家型結構與自治領土可以共存互動的混融性政治計劃

亞歷山德羅・皮諾紀：那麼，怎麼辦呢？我們有哪些行動方案可以裂解經濟領域，和自然主義，還有這兩大宇宙觀支柱牢牢護住的所有的壓迫？要怎麼解放出空間讓別的存世方式出現呢？

我最近有機會跟一些大型非政府組織成員，還有一些參與政府計劃的生態學者一起討論。整體上，我遇到的人都開始真的被一種政治上的無奈感所侵蝕[69]。這些組織是在社會民主制下發展出來他們的行動模式的，也就是說，是在統治階級還甘於接受一些妥協的一個歷史時期，可能是因為他們被迫這麼做，也可能是因為他們認為這對他們有利[70]。所以當時還有可能對資本主義做一些邊緣調整，給自己一種，不管怎樣，大方向還算對的幻覺。可是社會民主制自己摧毀了自己，因為在放手資本上做得太好，以至於資本不需要再做任何妥協了[71]。試圖影響政治領導者的決策，特別是透過理性說服的方法，在很大程度上失效了，所以在待完成的任務之巨大規模，與投入其中的資源和精力，還有取得的成果之間，製造了一道越來越深的鴻溝。

研究方面情況也很類似。未來「國家低碳戰略[72]」的森林項目在這一點上簡直是個漫畫般諷刺的範例。其中的一項提議是要加強採伐，尤其是對年輕樹木，以汲取

更多的碳，儲存在木質產品當中，從而對抗氣候暖化。在第一時間，群起反彈的主要是涉及到生物多樣性：把森林當成是木材廠在管理，已經是一種極大的貧瘠化，在這樣的條件下，問題當然只可能更嚴重。之後出來了三份關於二氧化碳的報告，其中一分是由農業部主導的。三份報告結論都是管理強度加大將會產生與預期完全相反的效果，降低這一行業的儲碳能力。但是政府堅持這項措施，繼續把它稱作一種「國家低碳戰略」[73]⋯⋯

越來越清楚的是，好像正在地平線上勾畫的那個世界，如果順著現有的軌跡下去，會是一個在根本上，對統治階級好大一部分人來說，還真不算那麼糟糕的一項政治計劃。這個社會計劃包括一些在經濟上充滿活力的巨型都會，彼此之間以航運連結，四周一圈供應給高階主管的在地有機蔬菜生產帶；和巨大無比的超高強度單一作物種植，完全機械化、數位化，只需極少數的農人，再把資源私有化到極致，尤其是水資源[74]；然後有一些被棄置的中型城市，主要通過高壓手段來治理。而整體上，為管控每天因為生態危機而不斷加劇的不平等和階級對立，人依靠的將幾乎完全是控制與暴力手段的科技效率。要想補充能量，富人會有自然公園可去，裡面浩瀚壯闊的森林地帶自由生長，園區戒備森嚴、門票價格高昂，他們可以在那裡練習像樹或是孢子一樣思考，或許還會吸食精神類的輔助藥物。

這樣的社會計劃，其實不過是我們已經了解的一切的極端化，也許並不是他們在絕對意義上的首選方案── 統治者可能也知道，其實對他們來說，這也不是件輕鬆的事。但是，從實用角度看，這一願景相較於別的可能必須得跳入未知、打破他們特權的另類計劃來說，還是要更適合他們一些。

許多大型非政府組織和積極投入的研究者之所以灰心喪氣，是因為他們也看不大出來要怎麼才能扭轉這一政治計劃的方向，怎麼對抗支持這一計劃並積極地致力於讓它以最純粹的形式得以實現的那些人。如果說越來越少人相信論述清晰、論據充分的理性勸說就能夠說服他們改變做法，要建立一種有勝算的力量對比，在今天看上去也像是幾乎同樣不可思議。勞動世界如今佈局有方的分裂狀態，將人原子化的那些結構，打從根柢防止了人去感受一種集體力量，使傳統形式的社會運動，尤其是工會運動削弱至極，實在看不出必要的力量會從哪裡來。如果通過我們的主政

者，憑藉對話或是動員力量施加壓力的方式行不通了，那要怎麼辦？唯一的選項似乎就只剩革命顛覆了，像法語所謂「Grand soir」（偉大之夜）那種。可是不僅這一選項也一樣，並非唾手可及，而且它還讓相當一部分的民眾感到害怕，也許還害怕得很有道理。摧毀一切，然後一同投身一次經過認真思考的制度化重建過程，能喚起的熱情非常有限，其實是不難理解。經常有人說，資本主義是在身體上，通過我們當中一些人沉浸其中的物質上的舒適狀態，抓住了我們，而資本主義抓住我們更主要是通過個人主義，或者更準確地說，是通過它的結構和它形塑我們主體性的方式，使我們陷溺於無能狀態，缺乏將自己大規模集體組織起來的能力[75]。在世界某些還存在著一個強大的土著社群的地區——在玻利維亞、在恰帕斯、在厄瓜多——當相當一部分人成長的環境裡，集體決議就是由上千人共同決定的，也許我們對革命願景可以稍微樂觀些。而在我們這裡？個人主義似乎已經太過深入主體性當中，不可能想像將各種制度推倒重來，除非先經過一次扎實的（再）學習。

這就是我們感覺自己無法動彈的那種令人絕望的被夾擊狀態：一邊，是政治領導者，資本的盟友，我們很難影響他們的決策，所以他們是自由地為維護他們的階級利益在行動——這些利益因為生態危機變得與其他人群的利益日益對立。另一邊，是一次看上去不可企及的革命顛覆，而後果也極不確定。

我們則開始把自己連接到一種第三條道路上，它的基礎在於類似防衛區這類的領土抗爭，或更廣義上來講，是所有集體性重掌領土的方式。跟在社會民主制下發展出來的各種行動模式相反，這個計劃跳開了政治領導者，讓生存方式的變革可以不再取決於他們的決定，同時又提供了與他們建立力量對比關係的一種新的工具，這個工具當權者目前看來管理起來比對付傳統的抗爭方法要難[76]。

跟一次全面爆發的革命顛覆相反，社會變遷和與統治階級的衝突線設定都要更為漸進且多樣。而且這兩種前景並不互相排斥。假如我們能實現對制度的一次大規模的顛覆，自治領土就將會已經提供一種學習共有、集體組織的經驗，勾勒出一些具體的視野，對事件可能發生的轉化也許具有決定性的作用[77]。各種類型的領土，在探索不同形式的自治過程中，能夠在大範圍內相互協作，不受民族國家邊界的限制，其方式已有多位作者加以理論化，有了多種形式和眾多名稱——公社主義或公社觀

點、民主邦聯、市民主義、罷免策略⋯⋯[78]。今天在探索這條道路的最有生氣的領土也許就是恰帕斯的薩帕塔主義自治區[79]。在這點上也一樣，人類學和歷史學能提供素材，指明在歷史層次上，這第三條道路所構想的多元組合乃是常規，藉此豐富關於這第三條道路的思考，賦予它公信力。

菲利普・德斯寇拉：你所謂的這第三條道路，預設了福利國家（在最好的情況下）與一些集體之間的妥協，這些集體，部分是得益於福利國家，並在國家邊緣，致力於發展有別於國家自己在其主流核心上推廣的那些共同生活形式的另類生活形式。這兩者並存的現象，啟發我們去思考我們可能正在朝它前進的那種地緣政治情境，其中可能會看到一些極為不同的與世界的、及人之間的關係之制度形式交互共存，有時以對立的方式，有時又相對緩和。我認為，在自由主義民主國家，這一類組合看來將會是一種預設情境，既是跟那些懷有霸權企圖的極權帝國，像中國那種，正面對決的，也是跟伊斯蘭主義者努力實現的那種信徒的普世社群烏托邦相對立。在不久的將來，我們需要在這樣一個複雜又分裂的舞台上行動，努力想像出一些與我自己年輕的時候也曾接受的那樣一種革命行動的中心集權化觀念完全不同的世界主義政治方案。必須要放棄一種觀念，就是解放被壓迫的人只能由一些代替別人去思考和行動的先鋒，以實現國家解體為目標，才可能達成。也必須走出一種幻覺，就是這一計劃被扭曲，像史達林的俄國或毛澤東的中國給出了血腥證明的那種，都只是一些情境性運作失控的效應，開明的先鋒隊伍就能夠避免。這種悲劇性的錯誤，我自己在拉美複雜性這座熔爐當中修煉過，使我得以迅速脫離，但是有一部分列寧主義左派卻還沉浸其中，他們沒有能力看清歷史條件已經與當初要把剛剛從農奴轉為農民的大眾解放出來的時代完全不同了。

我們已經談到了幾條走出當前情境的道路：將非人大幅納歸於人類社會關係與制度之中的必要性；對土地佔有方向的顛轉可能引發的震盪；拒斥商品資本主義原則的那些另類公社令人振奮的榜樣；保衛領土的在地抗爭提供的思想與政治的刺激。而在這些分散的陣線之上，一種真正全新的世界主義政治只有在多種多樣的在地經驗與一套整體規劃的交會中才可能出現。而這不能再是當初已經失敗的那一個：一

次世界性的共產主義革命，以建立一個專制國家來毀滅自己。現在我們知道了，國家並不會自己摧毀自己，縱使它可能會暫時受損，因為它會繼續在自己曾經的臣民或是曾經與之作戰的人的腦子裡活下去。但是國家是能夠改變性質的，就像在人類歷史上多次出現過的那樣，如果它四周是一些與它保持距離的群體，這些群體就會構成逃離國家控制的人的庇護所。因為，與極端自由派宣稱的相反，大多數人如今都已經習慣了國家，或者至少習慣了多少有些中央集權化的稅收制。這些制度已經成了我們的必需品，哪怕只是，在最好的情況下，為了出資建設基礎研究、高等教育和現代醫療網絡；為了保障司法不受個別利益左右，保持公正中立；或是為了讓所有公民都有一分適當收入：一句話，就是為了做好自由主義（和非自由主義）國家做得越來越差的一切。

此外，因為氣候暖化或海洋酸化都不是一個區域在地現象，全世界協同調度也就同樣必要，才能在好的條件下繼續監測溫室效應氣體排放量、生物多樣性的崩塌、水、空氣、土壤的污染以及核廢料引發的輻射，不管這些現象發生在哪一個層次規模上。這類知識對我們將日常生活去碳化是必不可少的，這樣我們才能開發化石能源的替代品，並強制推動使用，不是作為一種整潔乾淨的「生態過渡」手段，而是走出高能耗資本主義，需要定期討論的步驟規劃的一種工具。只在一些孤島狀另類小群體裡，禁止自己消耗化石能源，並不能阻止世界在其他地方繼續，應該還蠻長時間，排放巨量的溫室效應氣體。我們必須面對的是這一情境。同樣，國家對自治領土的建立及其持續存在所做出的多少有些暴力的反應，不應該讓人忘記，它們當中有一些的確是極權主義的，比別的危險許多，我們必須要能夠予以防備。比如說，想想看敘利亞庫德族人在羅賈瓦 Rojava 實驗的激進公社主義，靠的就是以「武裝人民」原則為基礎的軍事團夥，而他們並不會就因此不接受來自於參與敘利亞衝突的國家的武器和軍事支援。

所以一種新的世界主義政治也許將是一種由簡樸國家組成的世界性群島形式，在運作上以連續性民主為原則，即是說，是建立在公民個人對公共行動的參與基礎上的。這些國家內部，這裡或那裡會有一片平等的公社結構，或許是圍繞著保護具有法人身分的共有物而組織起來；其中願意的公社，可以自行匯聚成一些聯合結構，

作為國家與在這一階層被適當代表的非人之間的連接平台，這些非人可以是河流、冰川、熱帶雨林流域或太平洋珊瑚島礁。人可以投入其中，最終在經過多次抗爭之後，公社組織可以逐漸蔓延開來，對共有物的平等使用將會變成規範，而我們現在生活其中的這個世界則會變成人類學家和歷史學家研究的詭異對象——或者是講給孩子們聽的恐怖故事素材。

　　毫無疑問，第三條道路實現的條件意味著在多元的世界主義政治之間多種形式的和解與衝突，今天我們還難以想像其性質為何，因為商業全球化已經造成了經濟模式相對同質化（尤其是在財產佔有關係上）。差不多所有人現在都在玩資本主義遊戲，從伊斯蘭國組織到中國共產黨都是。我曾經說過，中世紀的義大利或許可以給這類多極系統當中，世界會是什麼樣子，提供一個很好的例子[80]。因為那個時代的義大利讓我們看到的景象是，眾多獨立的公社在一邊，反覆經歷著當地貴族與期待平等的公民之間的衝突，而另一邊則是許多陰謀擴張的國家，像是神聖帝國、教宗國、法蘭西、勃根地或是亞拉岡王國，兩造之間時而和平，時而——其實是常常——暴力的共存。除了這些國家之外，還有一些類似跨國公司，影響力主要建立在遠程貿易上面的，像威尼斯或是熱那亞這樣的城邦；還有一群大肆標榜差異的敵人，但卻可以與之結成特定情境聯盟的，比如薩拉森人；在鄉下幹匪盜營生的退伍軍人；修道院系統和跨國軍團，等等。一句話，就是多樣到令人稱奇的各種大公國、城邦國、王國、共和國、叛亂軍團、商業網絡，整體上保持一種相對平衡但非常脆弱的力量對比，而同時這些性質與規模差異性都非常大的政治體之間，又必須不斷結盟。所有這些多樣元素還一同分享著一種共同的、類比主義型態的宇宙觀，建立在人與非人的階序性之上，又共同分享著聖經宗教宣告的一種救贖理念。如此多樣的與領土、有時還是與非連續領土相關聯的制度型態——在東北歐洲也極為常見，也是跨國商業城邦之間的政治聯盟，如漢薩同盟這類組織——都在西發利亞條約確定了大型民族國家彼此承認邊界之後便消失了。但是歐洲人在這樣一種錯綜複雜的情境下生活過五到六個世紀，一種類似的情境再度出現並非毫無可能。而現在已經在共存的就包括一些中央集權或強或弱、或聯邦程度或高或低的國家，和去地域性的跨國公司、以網路形式運作的福音教派、實質控制著某些領土的軍事團夥、國際性的黑社會管

道、自治程度不一的一些公社、一些強大的國際非政府組織等等，不一而足。每個人都知道歷史是不會重複的，但是歷史結巴起來，有時候卻可以提醒人們面對前所未見的情境以及需要發明的集體形式，可以通過類比去思考。人類學也扮演了這個角色，因為人類學會運用多種參照訊息資源，去想像在國家與其邊緣之間的有機關聯會是什麼樣子。

世界上有一個地區，很特別，可以在這方面教我們很多東西：東南亞洲，那裡已經持續存在了很長時間一種在山丘與高原生活的少數民族—— 克倫族 Karen、赫蒙族 Hmong、克欽族 Katchin 等等 —— 與平原稻穀大國，泰國、緬甸、寮國或越南共存的狀況。少數民族一直不曾停止對抗中央政府試圖將他們納管的敵對政策，尤其是通過稅收和直接政府管理，但同時他們又繼續對外保持著商貿關係，特別是與低地國家之間的貿易。高地族群組織成一些獨立的集體，在內部組織上有時候是高度階序化的，但是很少會有一個中央集權化的權威。除此之外，還有許多小的地方性國家，比如說像是在緬甸的一部分撣邦。雖說高地少數民族的自治權從二戰結束以後已經被大幅削減了，但是在世界的這一片地方，還是存在著一種自治集體與中央國家之間非常有意思的共存經驗，而一些主張無政府主義的學者，如 James Scott 便希望能夠從中汲取靈感 [81]。

亞歷山德羅： 如果我們把有數千年歷史的東南亞洲與當代的歐洲作比較，我們就會發現並不是歷史在結巴，而是某些力量與對立關係之間，存在著一種驚人的相似性。

James Scott 說，在東南亞，至少有兩千年的時間，國家在凡是由它控制的地方都強制推行了灌溉水稻種植，並試圖禁止刀耕火種。而這並不是因為水稻種植更高級—— 就勞動產能和食物多樣性而言，水稻種植通常並不適當 —— ，而是因為水稻種植可以控制人群。水稻種植會讓人定居並集中起來，這樣徵兵就容易多了；收穫的日期也是固定的，產量也相對可以預估，這與收稅相當契合，等等。自治領土上施行的刀耕火種則相反，是一種逃亡與閃躲農耕，讓人可以迅速移動，好幾個月之後才回來採收長在地下的根莖作物，一整年都有收成，而且有著極大的多樣性，辨識與預測難度還極高。

今天，在荒地聖母，防衛區與國家對立的爭執性質與此相同。國家試圖強制推行一種高強度的標準化農業，機械化加參數化，只需要很少農人參與，而且與領土其他可能的使用方式明確區分——也就是一種控制農業。相反，防衛區施行的是一些小規模農作，彼此之間環扣嵌連，而且與領土其他使用方式交纏在一起（文化和儀禮實踐、居住、手工藝，等等）。只要看一看風景就能夠理解，這當中是不同世界之間在發生對撞。樹籬田和它的樹籬迷宮，包裹著多處住家、一座圖書館、幾間音樂廳、一座鐵工廠、一家木材廠、和那麼多的多功能場所，全都有機交織在一起，構成了一種在一個中央化權力自遠方看來，很難辨識的——所以也就無法忍受的——風景[82]。國家希望的與此相反，是要一種控制風景，有著非常明確的區分——在自然與文化之間、在領土的每一種使用方式之間。那些巨大的機械化單一種植，主要借助歐洲《共同農業政策》（PAC）強制推行，構成了前面提到的那些統治階級眼中那種預設社會規劃的一大支柱。

在農業問題之外，在東南亞洲之外，Scott 的研究最根本的一點是，在國家類型的結構與自主領土之間，時而和平、時而衝突的共存狀態才是人類社會歷史上的規則。今天，如果說國家已經差不多覆蓋了整個地球，那是靠著技術「進步」賦予它們的控制與懲罰權力。但是，實際起作用的力量拉扯，尤其是控制意志與自治欲求之間根本的對立狀態，是會持續存的。這很重要，因為這說明，那些試圖重啟這些力量，以自治領土的勃興發展來平衡國家權力，讓社會組織模式中出現更多異質性的政治計劃，絕無古怪奇誕之處。在歷史尺度上，反而是當今時代的高度同質性才是真正的例外。

我們可以想像，在今天，賦予人逃跑、嘗試「別的事物」之可能，將會給人多麼非同尋常的力量。Scott 解釋說，在一個國家與自治領土之間的邊界，經常會起到一種「滲透膜」的作用。換句話說，一旦國家變得負擔有些太過——不公的稅收、鎮壓、徵兵——，民眾都可以選擇移民，去到別的土地，加入別的生活方式。除非把全民都通通關進監牢——這的確也是過去常被採納的選項，但效果實在有限——國家那些威權主義企圖，其實在某種方式上，是被人群大失血的風險控制著的。在我們這裡，缺乏這類「替代方案」在第一次封城後，給人感覺特別強烈。許多人看

到自己被迫重拾一個過去就痛恨的工作，而且在企業互助或國家團結的名義下，工作條件還變得更糟。大多數人回去上班，心都死了，只是怕自己沒辦法養活自己、沒地方住。如果給他們另一種可行的可能，毫無疑問，許多人都會選擇的。

常常有人批評防衛區運動是一種單純的逃避反應，其餘的世界還是一成不變[83]。可是，首先，防衛區是具有一種明顯的攻擊向度的。防衛區阻止了國家的大型計劃，這理所當然，但是它也為發起對抗資本主義生態系統的行動提供了大後方基地。它能夠補給，本義和延伸意義上都有，現有的抗爭，讓人可以去思考新的抗爭形式和新的行動模式。它提供了各種各樣的後勤與物質支援，可以作為見面、休整、聚會的場所，而且更主要的是，防衛區通過勾畫另一種世界，通過用行動去發展另一種居住土地的方式，正促成新的結盟可能的出現。像大地起義（Soulèvement de la terre）[84] 現在就正發生著這樣的結盟，這個從荒地聖母防衛區發起的運動，聯合起了從滅絕反叛（Extinction Rebellion）到農民聯盟（Confédération paysanne）的不同組織，有些行動還包括了法國總工會（CGT）、不屈法國（France insoumise）或是地球之友（Amis de la Terre）等。這一運動不只是讓迄今為止少有交集的各種抗爭與組織形式能夠遭逢，而且還帶來了行動模式的更新，尤其是對破壞行動的公共化和集體承擔。防衛區通過賦予正在發生的多種世界之間的衝突一種肉身的現實性，促使一些改良主義傳統組織也主張，必須公開地從物質上抵抗（對人和非人的）控制社會計劃之技術基礎，而這一計劃，我們也看到了，是由很大一部分統治階級在推動的。破壞超級大池——即通過對水的私有化控制機制，讓統治者和他們的農業為未來的乾旱做準備的裝置——在這一點上看來，是具有典範意義的[85]。

此外，給人逃離的可能，可以離開一種我們不喜歡的組織模式，可能本身就是社會變革一種令人生畏的武器。生活在一個國家的掌控之下，是被迫還是選擇，不是一回事。存在著逃離的可能、庇護的區域，會給人們——包括那些實際上完全沒有任何意願要去防衛區生活的人——談判的權力，而古典抗爭形式卻越來越難以保證給他們這樣的力量。

我們正在勾畫的這樣一種複合式計劃，跟我們不妨稱之為傳統的基進左翼所構想的解放思路也別有對照之處。Frédéric Lordon 在他最近的書裡，試圖以一定的精準

度來描繪走出資本主義具體可能會是什麼樣子。走出資本主義，其中一個要求是對勞動進行一次「去分工」。維持我們今天這種生產鏈的專業化與分散程度，既不可能也不可取。可是勞動要去分工到什麼程度呢？Frédéric Lordon 問道。他說，要回答這個問題，就有必要先思考我們作為集體願意接受物質生活水準降低到哪裡。這一思考，在我們每個人內心當中，都會引起某種程度上對立的情緒型態之間的衝突：一邊，是與資本主義讓我們已經習慣的物質舒適度相關的情緒，另一邊，則是可能會由一種相對的反異化狀態——從科技、受薪工作等解放，而產生的快樂。這組情緒平衡的難題在於，第一類情緒是人們每天在暖氣旁喝一杯膠囊咖啡就能感受到的，而第二種卻只能靠想像，而且還未必可行。而這在進行這類設想時便造成了一種明顯的失衡。但當我們去經歷一次長時段的物質舒適程度明顯下降狀態的時候，比如說，出一次民族誌田野，我們通常會對自己習慣的速度，或者更準確地說，是「去習慣」的速度感到驚訝（條件當然是，在食物和居住上最基本的需求得到滿足，而不構成一種焦慮的議題）。去習慣之輕而易舉是一件差不多無法預知的事，除非自己經歷過。而更難以預知的是，與科技的另一種關係能解放出來的人類經驗空間，或是人在感覺自己被納入一種集體，其制度在一部分上跳脫了資本主義性的個人主義時，能發現的新的情感和生命強度。換句話說，如果要回答 Frédéric Lordon 關於勞動的去分工和物質生活水準下降的問題，純粹是理論和想像的話，就很可能會做出非常糟糕的決定。而在國家的邊緣，有一些規模足夠大的自治領土，卻是可以讓人，包括路過的訪客，把原來屬於論述範疇的事物放到真正的生活之中，讓想像的練習能夠浸潤到身體裡。能夠在同一個星期，同一片領土上，參與一些集體的農活，去學或是教一堂舞蹈課，參與籌備大地起義的一場儀式或是一次行動，協助搭建一座房屋樑架，那會是什麼感覺？思考勞動的去分工化，設想領土的一種另類組織，就不再是一些抽象的事理，而是親身的經歷，帶著它們所有的情感厚度和出乎意料的後果。

自治領土，連同其無可剖離的攻擊向度，為學習去除個人主義，體驗別的集體組織模式、別的與科技的關聯、別的與領土及其非人住民建立聯繫的方式，提供了具體的可能。在今日的情境下，這一逐步開展又具體領土化的路線，似乎比突然顛

覆現行制度,再跟著進入一段提前規劃好的再制度化進程,更為可行。如果說,這樣一種顛覆的條件都具備了,領土抗爭將會不只是促成顛覆的到來,而且也將參與形塑其發展過程及後續效果。

最後,有可能去體驗「別的事物」,還會強化逃離作為政治武器的力量。一個國家裡面,人們可以隨時離開去嘗試別的生活模式,那麼國家就會是處於一種可說是持續的間接控制之下。為了留住居民,國家或許就會被迫去擔當市場經濟最初時刻國家理當扮演的角色,也就是要控制不良後果——而不是像它現在這樣,去強化市場的機械效應。而在一次大規模的再體制化進程中,可以逃離的可能性,這裡也一樣,也會是一種間接的控制手段,能夠有助於讓制度不是自顧自地存活,結果被私有利益捕捉——而這正是目前它們當中大多都面臨的問題[86]。簡單地說,與一部分左翼力量想的相反,「攻擊性逃避」的可能性,有建設意義,能夠讓人實驗別種事物,可以成為反資本主義一種令人生畏的武器,一種在今天這樣複雜化的階級鬥爭套路中新的工具。

菲利普:我非常同意轉換世界是有教育意義的這個觀念,因為我自己就在阿秋瓦人那裡經歷過。我在馬克思的文本當中學習過商品拜物教是什麼,這種難以根除的幻覺讓我們相信物件本身具有一種它們專屬的商品價值,縱使我們理解這一價值在本質上是來源於生產它們所需的勞動。然而在我作為消費者的日常實踐中,我禁不住就會把商品交換看作是價值不等的商品之間的一種關係,而不是生產商品的人之間的一種社會關係。更糟糕的是,跟大多數與我同時代的經歷了「卅年榮景」的法國人一樣,縱使我有自己的政治理念,我也禁不住像是主觀上失明一般,去感受這套把戲:因為與他人的關係,就連最親密的也一樣,總是以商品價值為中介,而商品價值就有物化這些關係的趨勢,把它們和體現它們的財物,不管是多麼微不足道,都不可分割地連結起來。結果我跑去了這樣一個群體,那裡每一家人都可以生產他們生存所需的一切,財富的不平等完全沒有意義,商品交換不存在,除非是說交換是通過贈予與回贈的管道,目的在於強化人之間的連結,而不是把因此相連的人變成是物品的代理。

我也是在這個情境下體會過你所說的去習慣過程。在與阿秋瓦人共同生活了差不多三年之後，我習慣了滿足於很少的事物：每天有得吃，有個屋頂免於淋雨，有條河可以洗澡。當然有時候，我還是會夢想，時不時能沖個熱水澡，吃個火腿奶油醃黃瓜三明治或是來杯波爾多，但是我手邊有的那麼一點東西已經讓我很幸福了。我真正想念的，我那時意識到了我的生活裡不能沒有的東西，是一些可以具備商品價值但是消費起來，如果能有的話，卻並不會花費太多的東西：音樂—— 至少是塑造了我自己品味的那種—— 和看書、跟朋友聊哲學、地中海的風景、歐洲繪畫和可以去看畫的某些古老城市。然而，在我重新找回這一切的時候，我所感受到的愉悅卻在很大一部分上被一種突然變得難以想像的粗暴現實打消了，就是營利關係統治著我們的存在，我們被淹沒在一片商品的海洋當中，取得商品、享用商品成了我們生活規劃的主軸，而我們還為此感到幸福。我在去阿秋瓦人那裡之前就已經知道這一點，我說過了，但是是以抽象的方式。而我回來的時候，因為與他們的交往，眼睛被打開了，也習慣了那種簡樸，因為那對我完全不曾構成任何負擔，再回頭看養育自己成長的這個世界，投注的眼神就跟許多原住民族在看資本主義現代化，摧毀他們的倫理連同他們的環境時，一樣地驚恐了。所以很有可能，自治領土在向一些本來就已經預想要來參與的訪客，開放他們另類的友善社會關係之後，就能讓人有了一條替代的戰鬥道路，可以日漸壯大那些選擇去想像別樣未來的人的隊伍，而不是在一個越來越熱、越來越人工的世界裡，繼續以個體持有的資產去評價人。但是，不可隱瞞的是，這些小群體不只要面對國家的敵意，國家對於這些「異常」集體總是心存戒心的，而且也要面對內部解體的因子。因為傳染效應會朝兩個方向發生：一邊是朝外部帶有一種榜樣性質，很容易讓烏托邦變得可愛、甚至可求，但也會從外部向內傳遞技術革新，使一種扭曲的福祉理念變得可以忍受。自然主義主要的效應之一就是讓我們染上了物質進步的毒癮，用流量不斷增加的新產品來滿足人對出乎意料的好奇—— 好奇可能是我們人類的一種常態—— 但對許多非現代社會來說，生存的不確定性以及社會生活的自由互動——對立、仇殺、結盟關係的翻轉，等等，造成其處境之不可預測就足以滿足這份好奇心。李維史陀把刻意忽略事件的偶發性，尤其是試圖通過儀式活動，抵銷偶發事件之效應的社會稱作「冷」社會，這是相對

於其他那些對自身的歷史命運有著高度意識，並且專注於使之成為一種變化動力的社會而言的。很有可能，早期的以色列基布茲、十九世紀拉丁美洲各式各樣的無政府主義墾殖區、傅立葉主義社群和其他一些攻擊性逃避社群之所以都消失了，就是因為他們都像是一些孤立的冷社會，但卻浸潤在一個歷史性的熱環境當中，所以注定最終也會熱起來，只因熱的傳導效應。我們可以希望這樣的小群體增多以後，連結它們的網絡能夠得到加強，而對它們持同情態度的人給予它們的支持能夠促成與此相反的效應……

亞歷山德羅：你剛剛提到有些方式能夠滿足人對出乎意料和新事物的癖好，讓人可以，這麼說吧，去對抗單調性又不必染上對科技小玩意以及一般消費的毒癮。你說，非商品社會面對生存變故與社會生活自由互動，表現其實相當不錯。它們當中有一些，還有著一種更全面的機制，在某種意義上包含了這兩個向度，那就是大規模季節性輪替，一年之中，無論是社會組織模式還是生存手段都會因此而徹底地發生轉換。這種年度性輪替可能從舊石器時代開始就已經形成了常規，而對某些族群來講，一直持續到了非常晚近的時期[87]。Marcel Mauss 第一個說這些民族有一種「雙重型態」。這一雙重型態讓因紐特人（Inuit），比如說，有了「兩種社會結構，一種夏季型，一種冬季型」，因此又有「兩種法治和兩種宗教」[88]。大平原上的印地安人，像夏安人（Cheyenne）和拉科塔人（Lakota），每年美洲野牛狩獵季期間會聚集到數千人之多，而其他時間則生活在一些很小規模的平等群體裡。大型聚會期間會組建類似國家機構的制度組織，尤其是「牛警」，擁有強大的懲戒權力，以保障狩獵有良好協作，後續儀式能順利進行。警局在人群散開以後就自行解散，就算來年會再重組，但成員也換作由另一個家族擔任，以至於每一個人在他一生當中都總會有一天得要去行使懲戒權，也要承受。南比克瓦拉人（Nambikwara）與此相反，在從事蔬果種植時是組建成平等的村落，而在分散開來靠狩獵和採集生活的時候，則採取小型的階序化結構。因紐特人（Inuit），夏天散居狀態是要服從家族長老的權威，而冬季聚居則是平等的，許多規則包括婚姻規則都被暫停。考古挖掘發現的大型建築遺跡（土耳其的哥貝克力石陣 Göbekli Tepe、北美的波弗蒂角 Poverty Point）都是年度大型聚會

期間建造起來的，而散開時有時候會被部分摧毀，讓人可以猜想到，這種季節性的變化在過去曾經達到過怎樣的幅度和複雜性。想起來都有一點羨慕，能夠實踐反差如此巨大的社會組織形式，會給這些人何等的政治成熟度啊。簡單講，至少裡面已經可以看到一種跳脫單調的高明手法……在我們這裡，暑期大假本來可以在一部分上起這樣的作用，即使我們並沒有機會真正轉換社會組織，但是資本卻成功地把假期限縮在一個可笑的規模，僅夠人蓄積最起碼的一點點勞動力量而已，不會留時間給人問太多生命存在的問題。

　　另外，你提到了自治領土會遇到的內在困難，而這些困難的確不應該被小看。難題甚至會特別頑固，因為住在這些領土的是些很少經驗過自我組織和民主決策過程的現代西方人。允許自己有時候把情緒放到分析的第一位，敢於討論慾望或是性格，來對一種用結構進行的分析加以補充，在應對這些困難上或許可能很重要 [89]。但話說回來，當我們去想今天的防衛區，或者是晚近歷史上的自治和無政府主義經驗，真正造成最多問題的還是外部的攻擊，通常是軍事攻擊，但也不只是軍事而已……這或許是我們正在講述的這一切，最主要的一個限制所在：當國家已經取得了這樣一種軍事和懲戒的技術權力的時候，要怎麼去裂解國家領土？

菲利普：最近的例子：2021 年世界最強大的軍事力量在阿富汗，縱使有著該國內部及國際盟友的支持，還是被一個意志堅定、組織精良的游擊武裝打敗了，這就毫無疑問證明了，在某些情境下，國家能夠動員起來的武裝力量類型還是會無效。也許是這個多民族國家存在著一種抵抗侵略軍的悠久傳統，因為那裡地形複雜而更易守難攻；也許，塔利班有部分是得到了某個鄰國的支持；可以確定的是，他們對伊斯蘭法的詮釋跟我們認為可以接受的生活模式是截然相反的。但這個例子，就跟二十世紀大多數反殖民獨立抗爭的例子一樣，證明了讓傳統軍隊去削減自治空間，準備並不總是最充分的。

亞歷山德羅：也許在驅逐侵略者的國度或是某些很特別的地區——比如說恰帕斯，因為有原住民的知識系統還有巨大的森林作為庇護區，就還有可能。可是在歐洲？

很難想像一些自由公社能抵抗國家，就算是它們能夠聯合起來形成巨大的網絡。也許可以預想到，在不久的將來，社會與政治動盪幅度巨大，以至於國家的力量將被集中在維持都市的秩序上，所以會被迫任由一些自治的經驗在某些農村領土發展起來。但是在這種情況下，國家也會保持它收回這些「共和國失去的領土」的意志，一旦都市暴動暫時平息讓它們有時間出手的話，這對相關當事人來說當然有點令人緊張。

但是我還是想提出一個法律的議案，縱使有點天真樂觀，幾乎到了發天使夢的地步，而且在某種程度上跟我前面說的正好矛盾。那就是讓我們想想，一個國家可以用怎樣的方式來允許在國家的邊緣發展起一些自治領土，然後可能再擴大並聯合起來。

今天，防衛區這一類的土地佔領發起之後，或是開始了一間空屋佔據行動，要贏得被驅逐之前一個緩衝時間，僅有的幾種合法途徑就是冬歇法規、赤貧證明或是無法再安置。有時候佔領者會強調他們的計劃，相對於屋主或地主，無論公家還是私人，原本的規劃有眾多的優點，但這一點只有在媒體戰開打的情況下才有一點分量。法律上，雙方各提的規劃性質如何毫無影響。我們的法條提案就是要把這一比較規定為強制性的，再根據比較的結果來判定是否進入驅逐程序。這將是一種讓使用權優先於財產權的方式。

比較的標準可以以一些相對具有共識，連那些最無恥的私營發展商也很難公開拒絕承認的社會與環境指標為框架。每個具體的個案都要通過大會討論，理想當中採取共識決，並且要納入受計劃「共同影響」的所有各方都參與：領土的住戶，但是也包括那些與生活在其中的非人生命有著特別互動的人。還可以想像一些依照冬歇法規原則運作的條款，比如說，規定如果佔領者已經有時間播下種子就必須等待第一次收成完結之後。這樣一部法令會讓國家變成自噬族：就是自己要吃掉一點自己。

就跟無條件基本收入一樣，我們的力量對比還不足以讓這樣的一部法令通過……但是想像一下在不久的將來，情況真的開始動盪起來，也遠非毫無可能。動盪到讓統治階級真的開始怕了。我們不難推估，在一個混亂的時期，他們的成員整體上不

會表現為利他主義和慷慨大方的模範。相反的，防衛區、在地的互助網絡和所有已經發展出了一種共有文化的群組，是會拼盡全力為人群安排吃住的。那時候因為這兩大社會群組享有的信用之巨大的不平衡，就會開啟一扇政治窗口。不要忘了，第二次世界大戰結束之後，共產黨議員能夠讓社會保險等提案投票通過，也是因為大資本家絕大多數選擇了投降合作，而共產黨卻是頂著抵抗運動的光環。相形之下，應該可能，在很短的一段時期裡，通過一項「佔居／防衛區與使用權」法案。

　　要給這個劇本列出反對意見不難，哪怕單單是說，法西斯之流就不可能聽之任之而毫無作為的。這裡只是勾勒一種思考，想想到底一種可欲可求，有所準備，可說是獲得國家同意的，裂解其領土霸權的形式，應該要有什麼樣的法律組成要件。在這一視野之下，國家與自治領土之間的區分本身就會變得模糊，會呼喚一種必須再細緻許多的新的構想，包含多種中間過渡型態（羅賈瓦 Rojava 可能提供了一種例證）。這一政治形式連續體可以根據，比如說，組織模式、制度工具、以及抵抗權力被脫離民眾的某個群體或一套機器沒收時，相對的成敗等，來加以定義。

菲利普：你的法令提案很中肯。我不知道是不是會造成國家的自我吞噬，因為無論如何，終歸還是國家要去負責法令的擬定與通過（這就是國會的角色）、頒行（那是內閣部會頒布、最高行政法院審查法令實施條例的作用）和監督執行（這是行政體系和法院的功能）。所以這會是一項美好的革新法令，效果可能還會超出一開始對它的期待，即是說，對一個地方作集體使用利益的公共評估優先於產權持有者對其無益或違背共通利益的處置權利。因為，這一法律制度也可以構成朝我滿心期待的方向邁進的又一步，那就是將生命環境轉化為政治主體，因為每一種對土地的另類使用計劃，由領土抗爭行動帶動，或地方協議通過，再經司法決議確認，就會像酵母一樣，啟發人以新的方式將一個地方與自己的命運相連：不再是作為一種單純的待開發資源，而是作為一位好客的主人，來參加一次不一樣的共同生活計劃。

10

多樣性

———

說明多樣性乃唯一真正可以普世化的價值

亞歷山德羅・皮諾紀：我們大致勾勒了一個混融社會計劃某些政治上的優點。這樣一個計劃之所以比一種統一集中化願景要吸引人，也許有一個更深刻的原因，我們從導論起就已經提到過了：一個五彩繽紛多樣化的世界，跟一個過於單一制式的世界相比，住起來要舒適也快樂些。從啟蒙運動開始，傳統上進步主義力量就都依靠著一種普世主義，也就是說，一整套全人類都應該肩並肩一起趨近的共同價值。普世主義受到批評，是因為它在歷史上也曾經有過陰暗的一面。人常常以它的名義犯下最壞的惡行；一旦有人提出一種所有人都相同的單一願景，十字軍的征伐就不會太遠了。普世性遲早有一天，會被用來論證對那些不肯或是不能屈從於其原則的人的宰制、鎮壓和排除。但是在這陰暗的一面之外，就算它可以被避免，可能普世這個觀念本身還是有問題，而且就在它似乎最正面、最寬宏的點上。有可能在根本上更具解放性的是，讓社會生活中有更多異質性與矛盾性，有更多叛亂造反的可能，有不同的、甚至有時是對立的價值系統，簡單說，就是嚮往多樣性而非統一性。

我希望現在在荒地聖母發明的那些與領土相連的方式能夠擴張，力量能夠增強，但我絕對不希望這些方式覆蓋整個地球。就跟我畫的漫畫一樣，我希望永遠會存在

一些被別的邏輯主宰的領土，包括資本主義邏輯在內，又有何不可呢（只要這些領土維持小的規模，沒有條件如其本質所要求那樣不斷擴張……）。

我們所講的多樣性，不是一種表面的多樣性，透過不斷增多消費物品，試圖掩蓋威權自由主義強制推行的巨大的單一性，而是一種在存世方式上、在人心嚮往的根本上，一種深層次的異質性。不同人群沒有一條單一路徑，更不用說「進步」單向的箭頭指引，也沒有所謂可普世化的價值。或者說，有，也只有一個，就是多樣性。

菲利普·德斯寇拉：最近幾年，我一直不斷地在捍衛一種觀念，就是多樣性——物種、語言、文化、引導生命的方式之多樣性——是最符合當下情境的可普世化價值規範。說它有規範性，是因為它並不是以個體或集體可以從中得到的用處為基礎，而是建立在對人和非人都應該趨近的一種可欲狀態所抱定的決心上。而它之所以可普世化，也就是說，有可能被所有人接受和推崇，是因為它並不是以這種或那種文明的價值為基礎，比如說，歐洲現代特有的一種對個體之人和與之相關的種種權利的構想。西方人在國際範圍推廣宣傳人權理念具有的強制性無疑應當被看作是一種巨大的進步，值得不惜一切代價去捍衛。但是這樣的一種要求並不能改變一個事實：就是這一理念的基礎是一種遠非人人都接受的人性理論——一種個體之人，擁有自己身體的產權，與任一他人地位平等，原則上獨立於任何制度，具備自由判斷的能力，並被一種潛在的道義契約連結到其餘人類。這種人性理論不僅僅只是無視了將一個人與別的人、與非人和一些地方相連結的多重關係——依戀、相互依賴、機械性互助——，而且它同時還人類中心主義得可怕，把人及僅屬於人的利益放在系統核心，結果是限制了它的影響，以及它對我們當下這個時代能有的助益。多樣性作為規範原則，相反是以一種生命中心主義、或是生態中心主義視角為基礎，在其中是生命環境，及其必然的生物與文化多樣性，才是真正的法律主體，也就是政治主體。

因為自然主義的危機要求對政治進行一次再定義，以賦予人與非人的組合，及其正經歷的衝突，一種尚未真正得到承認的表達。正如 Jacques Rancière 指出的那樣，現代政治能夠施行，要求的遠不只是在人之間作了區隔分離，因而造成衝突對立或是爭論：它其實是建立在將感性世界分為人類與自然的二分基礎之上的，而這正是

現代的特點，或者說，也就是我所謂的自然主義的特點[90]。這種二分過去長期是以階序化方式組織起來的，人性多而自然性少的一組——歐洲人、男性、成人、文化人、有產者——和人性少些因為自然性多些的一組——「野蠻人」、兒童、女性、瘋子、勞工——，其含意是說前一組人，預設為更講理，所以應當在政治上高於後一組人，因為後者據說是不諳政治要義的。這種二分還有另外一個後果，就是那些不符合這一階序分割的那些世界，因為它們不是圍繞著人類與自然的二分而組織起來的——比如說，阿秋瓦人——，就會被否認有任何政治存在，或是在政治層面被限定在堅持不懈對抗國家出現這唯一的趨勢上：也就是說，還是在推行一種跟我們定義相同的政治，只不過是在反方向上而已——那就是為共同之善去管理權威。

可是，另一種政治構想是可能的，那就是 Rancière 指出的那種：「政治不是由權力關係組成，而是由世界之間的關係組成的[91]」。這句話的意思是說，一方面權力關係無所不在，在一切生活領域裡都有，所以很難理解為什麼這些關係的表現會只牽扯到政治而已；另一方面，一個政治主體並不是一群人突然意識到自己是一個有機集體，就用同一個聲音發聲，強推自己的觀點，並在社會生活中，若情況好的話，製造出某種力量對比，就像許多自由派（與議會政黨）和馬克思主義者（與無產階級）都宣稱的那樣。一個政治主體是「一個操作者，在連結和斷開任何既定經驗組合當中現存的各個區域、各種認同、各項職能、各式能力[92]」。在這一意義上，任何一位操作者，無論是人類還是非人類，都能夠成為政治主體，有如是命中注定，只要是能夠將本來並沒有任何內在聯繫的事物放到一起，尤其是當這些事物表面上分屬不同的存有論體制時（一次海嘯和一項能源政策），但是也有如果能把我們誤以為是相連的事物加以區隔的時候（經濟成長與人民福祉）。一個政治主體因此就是在將邊界弄模糊，再憑其處境或是行動，去重組世界：將組成世界的元素以及它們的關係重新配組，有意識或無意識地挖掘自己行動所及的素材之多樣性。而後果則是這一多樣會取得一種不同的樣貌，對情境適應得更好，或者有時候，沒那麼好。一個生命環境，一座冰川或是一片防衛區就是在這一意義上可以成為政治主體：它們催生建制的新關係是別人無法達成的。這樣我們又回到了先前提出的那個想法，就是這些關係性實體——因為它們促成一些本來沒有連結的存有之間生成了另一種

類型的關係——因此有可能同時成為躋身代表機構的自治法人團體，又能構成團體庇護之成員所需法律正當性的來源。

亞歷山德羅：荒地聖母的樹籬田就起到了這種模糊邊界的作用。就像我們看到的那樣，通過賦予正在發生的對立世界之間的衝突，一種具體的、親身經歷的現實感，簡單說就是釐清了情況之後，防衛區參與創造了新的結盟可能。它一方面揭露了資本主義所劃定的衝突與競爭線都是人為的，又讓包含了人與非人的——被你稱作地理階級的巨大聯盟之潛在可能，變得更容易為人感知。

將多樣性樹立為可普世化的價值規範能夠擴大並加強這種聯盟的重組。既然資本主義內在地就是一種擴張主義的同質化力量，那麼多樣性本身就會召喚組建一種所有想要裂解資本主義的力量之間的國際聯盟，形成如薩帕塔主義者說的，「一個給許多世界留出空間的世界」。多樣性是一種反對一切宰制力量之擴張企圖的價值。一個國家想要強制推行多樣性就會陷入自相矛盾，會以其行動造成社會組織模式的單一制式化。多樣性讓人可以為一種不期望抹平差異，而是相反，在承認差異的內在價值之下，允許差異存在的普世性奠定基礎，無需用差異去論證任何宰制形式的合理性。這種普世主義有另外一句精彩的薩帕塔主義口號說得很好：「我們人人平等因為各個不同[93]。」

菲利普：薩帕塔主義者這個說法充分體現了我過去說過的「相對普世主義」，可以替代當代這種扭曲形式的普世主義[94]。事實上，這種普世主義一點也不普世，因為它依靠一條隱含的原則，就是只有現代自然主義者才成功開闢了一條通往真正的普世性的道路，即自然之真知，而別的文明，別的世界生成機制，卻只有一些「對世界的觀念再現」，必然是特殊的、主觀的——與科學教導我們的相對照，在根本上都是錯誤的。這種普世化是通過排除不符合自然主義真理體制的那些世界生成形式，這些形式從此就都留給人類學家去研究，因為他們的任務從十九世紀末開始，就是去研究所有那些抗拒現代化的人的錯誤信仰和迷信思想。相對普世主義，相形之下，則提供了一種擴大的普世主義機會，「相對」（relatif）這個形容詞應該被理解為如

同「關係代名詞」（pronom relatif）裡面的那個相關的意思，也就是說，是連結到一種關係上的。相對普世主義不是從自然法則與文化規範的核心對立出發，也不是從被預想為共通於所有人類的一種人的理論出發，而是從人相互之間，以及人與世界別的元素之間建立的關係出發：連續性與非連續性、同一性與差異性、相似性與分歧性等關係。這些關係之所以可能，都是因為由人類演化繼承下來的那些工具：一具身軀、一種通過思想把握客體對象的能力、一分覺知區別落差的天賦，以及與任何一個他者建立起關係的能力——依戀或對立、宰制或依賴、佔有或交換、主體化或客體化。

我們看到，相對普世主義既不是建立在一種特殊的存有論基礎之上，也不是在一種被搬到道德領域的科學理論上，而是基於一個最簡單的事實，就是人都有能力辨識存有與事物之間的非連續性，因他們自身社會化的環境而不盡相同，再由此推論得出其間的關係。縱使就像薩帕塔主義者所說的那樣，「我們各個不同」，這些薩帕塔主義者彼此之間、跟他們的鄰居、跟墨西哥的其他民族、跟地球上他們的敵人和他們的朋友，保持的關係也都並非無限。而這對於防衛區的佔領者們、對薩拉雅庫的社員們，或是法國的公民們來說，也都一樣。我們可以就這些關係及其後果列出一分清單，甚至還可以達成共識，看哪些是大部分人都會認為正當的或應當批判的，哪些是還可以再多加討論的。這種構想多樣性各種形態的方式，跟那些高調宣稱自己不可混同於他者的個人主義或是地方主義特殊論的喧囂大不相同。

變形

見到你們真高興⋯⋯你們的農場真漂亮，石頭都好美。很結實⋯⋯

但別忘了時不時還是要去露天星空下睡一覺喔，不能跟你們的動物力量斷開啦。

那，有誰接手愛麗舍宮了嗎？

Muriel。

Muriel ？？！

對啊。她跟 Lallement
聯合了幾個保皇派
賊頭。

可聯合來幹什
麼呢？開間博
物館？

沒有沒有，他們組了個政府。他們
想統治什麼，我也不曉得什麼鬼。

那 Bruno……
他……？

他正變形呢。

但是他需要我們幫忙他
完成他的變化。

我一個人沒法完成儀式……
你們知道 Yanomami 人怎麼做的
嗎？先得生上一堆篝火。

是要寫本書，是嗎？

是的。是個訪談系列，關於威權自由主義的終結。

我不喜歡這個表述……我知道今天都是這麼叫我那個時代的……看一切都很黑暗……形容我們也都只說缺陷。

可我們吶，我們什麼都不缺的！他
們說現代西方沒能建立起防止首領
出現的制度，說它是因為這個而垮
了。而我們認為，政治權力的縱向
秩序，那可是個美好的烏托邦！

我們深信不疑！構組一個完美中央
化的權力，完全由數字控制！那就
是等於絕對的解放啊！對我來說，
那可是我兒時起的夢想！

歷史只記住了身體的痛苦、強制的
勞動、思想的乾涸……可對我們來
說，這一切，不過是些附帶損失……
相對於我們追求的美好計劃，那完
全是可以忽略不計的……

Emmanuel 他們逃跑以後……
我的世界就整個坍塌了……

您想想看他們把 Bruno Le Maire 給吃了……他們把他做成了一鍋湯！

我不知道是不是真的，可我聽說他們把他的器官給了一隻貓頭鷹……

我是要繼續戰鬥，相信下去的……
我們花了幾十年時間建起來的一切，
救多少算多少……

可是您還是被捕了……

是啊。Lallement 那寫人認為我太放任
了。把我關在一間四平方公尺的牢房
裡關了兩年。他們從一道縫裡扔豆腐
進來，還罵我是「狗屎波波族」。

不過他們發現他們太孤立了，就把
我放了。他們還了我一個清白，特
別是，他們還把我的 REM 黨員證還
我了！我簡直開心死了！

這個嘛……老實說，我是
真的不懂了……

我是有信念的呀！
媽的！

這你還有什麼
弄不懂的！

國家強大！經濟自由！今天是小
孩子都在取笑的話題，可對我們
來說……那可是大神咒啊！我們
完全著了迷的！

咳咳嗯……我不
能這麼激動……

算了……我知道沒人
對這有啥興趣了……
我成老朽了……

讓我自己待會兒……
Lallement 要到了……
我們還要開部長
會議呢。

11

巫師與
學者

強調在一個多重世界中，平衡我們賦予主體化與
客體化認知模式彼此位置的重要性

亞歷山德羅・皮諾紀： 為了讓我們這本書能有幾冊可以擠進超市裡的心靈成長書架，我想讓我們最後來說一說，在個人層次上，我們討論過的對稱化怎麼給人一些關鍵工具去思考多樣性，去學習活出多樣性來。

我在阿秋瓦人那裡的時候，曾經經歷過一些「視角主義時刻」，就是說，接待我的主人們很明確表示，對他們來說，是知覺在決定世界的時刻。一個在特定位置的存有，以他特有的身軀、他的慾望和他的視角，並不只是用一種特別的眼光在看世界，而是在他自己的周圍<u>組合</u>一個自己的世界。

阿秋瓦人經常遇到有小孩走失在森林裡面的情形，而他們解釋說，他是被 Iwianch 帶走了。Iwianch 是某種森林裡的幽靈，負載著死人遊蕩的靈魂。他們的存有論身分相當模糊。

菲利普・德斯寇拉： 對，那是一些未完成的死者。

亞歷山德羅： 好像，他們擄掠小孩並沒有什麼真正的惡意，而主要是因為他們覺得

無聊了。常常是最近過世的祖父母或是叔公等。我第一次遇上這樣一個事件的時候，大家剛剛找回一個在森林裡獨自待了十天的小孩。我就問說，這段時間他到底怎麼活下來的，我腦子裡無意識地設想自己會得到一種自然主義的解釋，比如說「我們阿秋瓦人，從小開始就非常熟悉森林和森林的資源，等等」。可是他們給我的答覆卻完全不是。人在受到 Iwianch 控制的時候，看世界就會跟他一樣。一片泥水窪地，你會看成是一碗木薯啤酒，樹根盤根錯節，你會看到一張床，一段枯木會被看成是一根美味烹煮的大芭蕉。解釋就到此為止。也就是說，對我的主人們來說，理所當然的是，既然孩子會看到一根煮熟的芭蕉，那他就可以吃。他的幽靈視角既然重組了他現在生活的這個世界，那對他來說，就不再是一段木頭，而是一根真正的芭蕉了。為了把孩子找回來，他們通過一位巫師，因為他能夠進入 Iwianch 的視角，可以猜到孩子被帶去了哪裡。等他們找到孩子的時候，那個小孩起初是飛快地逃跑，因為他看他父親是像 Iwianch 那樣，也就是說，是看成了一頭豹子。所以他們還得把他抓住，幫助他找回人的視角。

菲利普：這種知識觀念的確是跟我們的完全相反。它跟歐洲的主體哲學不同，完全無視我們在事物和用來指稱事物的詞彙之間、精神上的再現和被再現的對象之間，所設定的區隔；對他們來說，「認知」，並不是在精神上整理先於認知行為存在的事物。所以我過去嘗試在《暮光之矛》當中描述這件事的時候，腦子裡自發出現的是十八世紀初一位哲學家的身影，喬治‧柏克萊（George Berkeley），因為他跟阿秋瓦人一樣，認為感性質素在同一個動能中，構成了事物本身和感知事物的主體。阿秋瓦人的宇宙觀來自於一種關係性的認知思維：構成他們的世界的事物高度不穩定，因為組成世界的那些實體皆因溝通模式的變化而存在，而溝通模式又以非平均分配的感性能力為基礎。Iwianch 和失蹤孩子的父母感知的東西就不一樣，至少因為 Iwianch 據說是又盲又聾又啞的，除了面對像孩子那樣，被他帶入其狀態內的那些人以外。換句話說，認知行動，就跟這行動提供機會認知到的主體和客體一樣，在這裡都是來自於一種，因為彼此的位置、因為他們在相互感知當中能夠動用的知覺類型不同，而區別開來的實體之間，溝通情境的變化。

這些在泛靈主義群島多個地區共通的視角主義案例裡，有意思的是，你採納的不只是你移入其中的他人視角，而且還有他們不同於我們的時間性。從客觀主義角度看，孩子之所以可以活下來，的確是因為你跟阿秋瓦人進森林裡的時候，他們會不斷教他們的孩子，迷路的時候，需要的話可以吃哪些植物，因為迷路絕非罕見之事。但是，當他們說孩子進入 Iwianch 的視角持續了十天，實際上是說，對 Iwianch 來說持續了十天，但是對孩子來說卻未必。Rane Willerslev 講過一個類似的情境，剛好相反，是西伯利亞北部科雷馬高地（Kolyma），那也是一處泛靈主義聖地，一位尤卡吉爾獵人（Yukaghir）講給他聽的[95]。那人追蹤一群野生馴鹿好幾天，之後遇到了一位老人邀他去他的帳篷營地；老人身著古裝，有些奇怪因為他腳上套著雪靴，可是留下的卻是馴鹿的腳印。他們到了營地，大家很熱情地招待他，可是那些人看上去是人的樣子，說話卻是嗥叫聲，端上來給他吃的肉實際上卻是苔蘚地衣。夜裡他夢見了接待自己的主人，那時他們的樣子是馴鹿，有人跟他說他必須離開。這時他才意識到他其實是在馴鹿群裡。他連忙一大早起身逃跑，找到了返回村子的路，大家都非常擔心，因為他走了有一個月了，他們都以為他死了，而他自己印象裡卻覺得自己只出去了兩三天。在所有這些，人被他者的視角捕捉的故事裡面，這種故事在泛靈主義群體中很普遍，總有一些奇怪的細節會讓人想到情況不對。就有點像是在童話故事裡，大野狼的毛會從奶奶的帽子下面冒出來一樣。

亞歷山德羅：視角決定了世界，包括時間在其中流逝的方式。這讓我想到，我們在說，要考慮森林的利益時，必須要轉換時間性的觀點。從人的角度感覺是經過了數十年，而對一個巨木群來說，卻不過是幾個星期。

　　這種泛靈主義式的界定知覺與世界之間的關係，跟我們這裡佔主流的完全相反，我們這裡，世界已經在那裡，是既成的，而知覺，或許再加一些科學測量儀器的幫助，只是如其所是地、客觀地再現它。Eduardo Viveiros de Castro 認為，這兩種理解世界與知覺之間關係的方式，會產生兩種不同的認知觀念，或者更準確地說，是理解的概念，「理解」究竟是什麼意思。

　　我們這裡，「理解」一種現象，首先是要把它客體化，構組一種在邏輯角度上

合理自洽的描述，而觀察者的視角是要退場的。這種理解的理想性代表就是科學家，能以最為完備的方式掌握這一神奇的力量，讓他能夠完全脫離自己的研究對象，從而能如其所是地描述它。對一個亞馬遜印地安人來講，「理解」，相反是主體化，是採取對方的視角，對方的觀點。因為每個人的身軀在組建自己周圍的世界，所以只有在這一條件下，人才可以真正地理解他者。這種理解的理想性代表就是巫師，他能夠整個把自己投射到對方的身體當中。他能採取這頭豹子的視角，去理解牠搞笑的性格，取代那個 Iwianch 幽靈的位置，來明白他的動機，猜出他把拐走的孩子藏到了哪裡，或是接納這一棵樹的視野，來弄懂它的動機。

在這兩種情況下，我們說的都是「理想性的理解」，因為在根本上是不可能完全脫離自己的研究對象，也不可能完全沉浸其中的。所以同樣地，這種區分，縱使有簡單化、片面化的成分，功能上也跟你的四種存有論一樣。每個人身上都帶著這兩種理解模式。在我們這裡，你說「我理解了」，意思可以是「我做到了合乎邏輯地、客觀地將鬆散的元素整理組織起來」，也可以是「我能夠把自己放到別人的位置上」。其實，我們經常會說「自從我經歷了類似的事情以後，我就更能理解某個人」或是「我想像自己在某人的位置上，那我能理解為什麼她會這樣反應」。

那麼差別在於，這兩種理解模式當中，哪一種取得了制度性的正當性，被樹立成在集體層級上的理想型的理解。西方制度與亞馬遜制度，透過科學和巫術，將這兩種理解形式當中的一種或另一種穩定下來，並賦予價值。

菲利普：你說得對。我在提出將世界的複雜性縮略為四種存有推論，或是 Viveiros de Castro 把主體化與客體化對立起來的時候，我們都在提一些關於認知模式變易可能的觀點，必然是把這種多樣性壓縮到一種反差對比系統內，加以簡化的[96]。認知的情境是極端多樣的，但是有一些佔據主流的模型，一些理想型，一些指引框架，可以從觀察特定情境當中抽象出來。我們既是人類學者也是民族誌學者，但是在採取這種或那種觀點的時候，方法是不一樣的。我們在進行民族誌研究的時候，是要盡可能去描寫情境的複雜性，從而更好地理解；而我們在採取一種人類學者的思路時，就必須要把這種複雜性稍微放到一邊，然後才能嘗試往現象的混亂之中放入一點點可

能的秩序，提出一些線索以認清方向。從這個角度來說，Viveiros de Castro 提出的客體化與主體化的區分，跟我所提出的四種存有論都一樣是客體化的，因為一旦他區分了兩種認知機制，他就會突出構成這些機制的某些制度性特徵，而忽略另外一些在特定情境當中，就像你剛剛那樣，能夠翻轉其論述的特徵。

亞歷山德羅：對，把這一點說清楚很重要：你是從自然主義的內部提出了一種對自然主義的批判。你並沒有宣稱自己已經脫離了自然主義。從自然主義的內部，就可以看見現代西方深受其苦的客觀性幻覺。

菲利普：這種客觀主義幻覺，我們有好幾個人都嘗試過要克服它，通過不同的管道，但採取了一種共同的方法，有人曾經稱之為「存有論轉向」。和 Bruno Latour、Eduardo Viveiros de Castro、Roy Wagner 以及別的幾位一起，我們都認為世界不是作為一種已經構成客體對象存在，只等從不同角度被人把握，進而形成各種版本。我們稱之為「世界」的，是一種似乎形成了系統的元素集合：一些存有、現象、關係、狀態、過程……但是沒有人能夠將其整體予以客體化，那怕只是因為我們這個物種注定會在這種全面知識夢實現之前就已經消失了。某些元素對於某些人群在某個特定的時刻會更為突出，因為這些人在一種特定的物理與社會環境中完成了他們的社會化，所以學會了辨識這些元素，讓這些元素在他們所構組的世界裡扮演一種角色。就像我在我們對話開始的時候說過的，阿秋瓦會偵測到魂靈是因為，在某些情境下，他們習慣於把影響他們的事件詮釋為因為有某個魂靈在場；而 CERN 的物理學家會偵測到希格斯玻色子（boson de Higgs），因為他們的測量儀器讓他們能夠推論判定，記錄下來的某一個痕跡指示存在著某個難以捉摸的粒子。

我作為人類學者的角色，不是要宣布在世界整體上什麼存在或是不存在，建立一分整個人類的存有萬物清單；而是嘗試理解，這個一般意義上的世界裡，某一個元素是在什麼樣的條件下，對一個集體而言存在著，並且構成了它的存有周遭的一部分，也就是說它自己的世界的一部分，而這個元素是上帝、臭氧層、存有鏈或是獵物的魂靈都一樣。我們可以把偵測這些突出特徵構想成一種「世界構成之濾網」，

一些從你擁有的認知工具出發，去構組世界的方法，而像我這樣一種客體化視角可以去加以描述，指出這些特徵是對應哪一種推論類型——比如說，是自然主義還是泛靈主義。這種操作方式讓人可以繞開自然主義的某些偏見，但並不是完全抽離自然主義，因為以為生於其中的人能夠輕易跳脫它所提示的那種世界生成類型，肯定是妄想。相較之下，認知的普通觀念——大部分我們這個時代的人都這樣認為，而首當其衝就是研究人員——是很清楚地屬於自然主義的，因為它認定一個完整飽滿的世界就在那裡，等著人去認識，而科學的神聖任務就是要一點一點地去揭露其內部機制。所有其他形式的揭露，都只是一些關於這個唯一的世界的一些地方性的觀點——或者如果更不客氣的話，就只是一些迷信——，留待社會科學，特別是人類學，去予以描述和解釋。

亞歷山德羅：一個唯一的世界上建造了多樣的文化。

菲利普：正是如此。所以我才傾向於說，有多重世界，是透過不同的世界生成濾網組合起來的。

亞歷山德羅：清楚意識到世界的這種建構性成分，意識到用多種方式在組合他們的世界的那些存有，是真的在住不同的世界，可能是我們看重的政治計劃裡一個本質的向度。在一個異質性的世界裡，同時存在著多種多樣的社會組織形式、反差巨大的價值系統和多種與非人存有相聯繫的方式，而主體化認知模式則是一種非常關鍵的工具。

我們知道，跟實用價值相反，實用價值我們是可以討價還價的，而當涉及到的是我們所組建的世界裡一些根本的元素的時候，試圖用一種理性的、客體化的論述來證明這些根本元素是有問題的，原因是這樣或那樣，卻只會讓我們越來越兩極分化。當這些結構性的向度被挑戰，交流要想能夠有一種建設性的發展，就只能夠通過轉換視角，通過努力想像投射，盡可能地去了解對方所組建的那個世界的樣子[97]。只要嘗試一下這種投射就可以，比如說，意識到在目前的情況下，資本主義的激進

分子是不會輕易被一分條理分明的說帖、一套理性論據，不管它們有多充分、多無可辯駁，就說服去改變軌跡的——甚至恰恰相反。同樣地，但這次是進步主義力量目標各異，又要尋求聯盟的角度下，或者更簡單一點，就在以共識為目的的一次決策過程中——跟導致分化的多數決操作相反——，把自己投射去他人內心的能力，就至少是跟客體化的理性論證一樣地管用。

更一般性地來講，或許最好是對我們賦予兩種認知模式，客體化與主體化，各自的重要性重新加以平衡，在某一部分上跟我們先前提出的民族誌對稱化與人類學對稱化之間的區分有所重疊。很有意思的是，在我們的討論當中，我曾說可以從人類學對稱化「下到」民族誌對稱化，這就很清楚地表明了，我不假思索排列這兩種認知位階的方式。主體化是在下，最多就只是一種讓人可以上升到客體化的工具而已。可是，把這二者的順序顛倒過來，把邏輯分析看作是為主體化投射服務的工具，其實也並不會比較荒謬。如果說西方認知理想型是一種製造客體對象的機器，那主體化，單這個名稱便已道明，就是要讓我們被主體圍繞。在我們賦予兩種認知方式的正當性上取得平衡，對提出一種值得追求的生態學特別必要。生態主義視角若陷溺於整體不變的經濟套路——這最典型的客體化操作——就只能通過提高某些自然資源的客體物價值，嘗試將某些空間從開發系統當中拉出來，另行賦予價值，來應對生態危機。這樣的一種生態主張，撇開對其可行性所提出的一切懷疑不說，撇開它在風景與習俗當中劃下的根本性分裂不說，本身就充斥著多種負面情緒，例如對生態危機效應的恐懼、對造成危機的人——也就是，包括對我們自己的憤怒。它勾畫的未來會有多重限制和犧牲，而對再也不能繼續像以前那樣任意消費一切滿懷失落。它屬意的社會計劃——不過就是我們已知社會的激進版，最終是很符合，我們已經說過了，統治階級大多數人所需——則是深層次地不平等，主要依靠鎮壓和控制來延續。

一種想要主體化非人存有的生態學，滋養它的情緒就明顯要快樂得多。它會讓世界重新變得神奇，但並不是掉入神秘論，而是提升我們與圍繞我們的存有之間關係形式的密度和強度[98]。問題不再涉及「環境」，而是社會關係空間的擴張，連同由此而生的認知與情感上全部的豐富性。如果說，它當然也有志於應對生態危機之需，

但它其實本身就已經成立，縱使沒有危機，縱使資源真的如同主流模型設想的那樣取之不盡，它也具備正當性。

這種主體化的生態學，本質上就是反資本主義的，因為它號召將新的存有轉化為主體予以重視，而經濟卻是朝相反的方向在拉動，以期將所有一切都列入客體範疇，任人隨意處置。這樣的一種生態學，在制度層級，只有在將經濟領域溶於政治之下才可能得到發展。不過話說回來，它本身並非一種社會計劃：它可以與不同形式的政治兼容，而其中有一些實在令人難以開懷。但是我們也看到，它是可以很好地與一種公社主義（communaliste）政治形式相結合的，那樣每一片領土上，政治決策就不再屈從於經濟法則，也不必迎合某個遠方的中央結構的控制意志，而是取決於集體決議，並在決策程序上以不同的方式納入非人同居者的多種觀點。通過借鏡原住民運動和領土抗爭，我們勾勒了一種混融視野，這種生態學在其中，首先是在一些領土上形成，理想上這樣的領土最好越來越多，並聯合成網，可以探索不同形式的自治，以及與尚存的國家結構不同的關係模式。公社主義地域的存在不會讓與之共存的國家絲毫不變，恰恰相反。它可以幫助生命環境獲得承認法人資格，全面翻轉我們對人與非人的關係的認知。人從此以後將會是被非人收留，在構成了每個生命環境的那些變動的、複雜的關係網之中。更一般性地說，自治領土的增多，讓人可以發起各種對抗資本主義結構的進攻，如果需要的話，可以提供逃離的可能，實驗別的社會組織形式，包括其中一連串的困難與快樂、其中的生命強度和一種不投身其中便無法預知的情感厚度。要思考、活出這些我們希望是多重、五彩、構織著新結盟，也無可避免地分佈有衝突線的將來世界，會很有用的是：學會將情境主體化，像一位亞馬遜巫師那樣變換視角，或者說，其實也就是，跟一位田野裡的民族誌學者一樣。

尾聲

致謝

謝謝 Julie Clarini 發起這一計劃，謝謝 Sophie Lhuillier 和 Christophe Bonneuil 使之得以完成。

謝謝閱讀了文本和漫畫稿的各位：Pierre Benesteau, Clara Breteau, Antoine Chopot, Servane Dècle, Laure Ducos, Thibault Labat, Alina Lavrinenko, Isa, Laurie Lassale, Emilien Locarno, Guilhem Murat, Mathilde, Nicolas Martin 和 Roxane。

謝謝接待了兩位作者的 La Rolandière，荒地聖母防衛區和各個阿秋瓦社群。

謝謝 Mélodie 和 Anne-Chritine。

註釋

1. Achuar 阿秋瓦人屬於過往被稱作「希瓦羅」（Jivaros）語群之一族，但我們將避免使用這一稱謂，因其意含貶損之義，已為其所涵蓋的厄瓜多及秘魯各印地安部落（主要有 Shuar，Achuar，Wampis 及 Awajun 人）排斥；這些部落集體選擇自稱為 Aénts（「人」），而所屬語系則為「aénts chicham」（「人語」）。

2. Philippe Descola，*Les Lances du crépuscule. Relations jivaros. Haute Amazonie*，Paris，Plon，1993，頁 440。

3. Alessandro Pignocchi，*Anent. Nouvelles des Indien jivaros*，Paris，Steinkis，2016。

4. Alessandro Pignocchi，*La Recomposition des mondes*，Paris，Seuil，2019。

5. Léna Balaud 和 Antoine Chopot，*Nous ne sommes pas seuls. Politique des soulèvements terrestres*，Paris，Seuil，2021。

6. 例如 Baptiste Morizot，*Manières d'être vivant. Enquêtes sur la vie à travers nous*，Arles，Actes Sud，2020；Vinciane Despret，*Habiter en oiseau*，Arles，Actes Sud，2019。

7. Léna Balaud 和 Antoine Chopot，*Nous ne sommes pas seuls*，*op. cit.*。

8. Frédéric Lordon，« Pleurnicher le vivant »，blog La pompe à Phynance，2021；Franck Poupeau，« Ce qu'un arbre peut véritablement cacher »，*Le Monde diplomatique*，2020，頁 22-23。

9. Alessandro Pignocchi，*Petit traité d'écologie sauvage*（3 tomes），Paris，Steinkis，2020。

10. 這兩者可統稱為「統治階級」（« classes dominantes »）。這一統稱是有根據的，因為國家利益，尤其是國家的控制意志，與資本利益的重疊狀況不斷在強化。參看例如 Grégoire Chamayou，*La Société ingouvernable. Une généalogie du libéralisme autoritaire*，Paris，La Fabrique，2018；Frédéric Lordon，« Leur société et la nôtre »，blog La pompe à Phynance，2022。

11. Nastassja Martin，*Les Âmes sauvages. Face à l'Occident*，*la résistance d'un peuple d'Alaska*，Paris，La Découverte，2016。

12. 例如在布列塔尼一個列入歐盟 Natura 2000 計劃的生物保護區開採鋰礦的規劃。

Antoine Costa，« Lithium : l'État veut ouvrir des mines en Bretagne »，*Reporterre*，2022。Philippe Descola，« À qui appartient la nature ? »（*Who owns nature ?*），*La vie des idées*，2008 年 1 月 21 日線上發表，www.laviedesidees.fr，« Essais » 專欄。

13. Léna Balaud 和 Antoine Chopot，*Nous ne sommes pas seuls*，*op. cit.*

14. *Le Monde diplomatique* 專文 « Deux mondes paysans qui s'ignorent » 裡，一位養牛人解釋說，超過五十頭動物，就不能再給牠們起名字了，不然會瘋掉。因為勢必得虐待牠們，所以只有將牠們物化才能保護自己。（Maëlle Mariette，« Deux mondes paysans qui s'ignorent »，*Le Monde diplomatique*，2021 年 4 月頁 18-19）。

15. 語出 Viveiros de Castro（Eduardo Viveiros de Castro，*Métaphysiques cannibales. Lignes d'anthropologie post-structurale*，Paris，PUF，2009）。

16. Fredrik Barth，*Nomads of South Persia: The Basseri Tribe of the Khamseh Confederacy*，Boston（Mass.），Little，Brown and Company，1961. 頁 167。

17. Tzvetan Todorov，*La Conquête de l'Amérique. La question de l'autre*，Paris，Seuil，1982。

18. « Chacun appelle barbarie，ce qui n'est pas de son usage ; comme de vrai，il semble que nous n'avons autre mire de la vérité et de la raison que l'exemple et idée des opinions et usances du pays où nous sommes »（Michel de Montaigne，« Des cannibales »，*Essais*，livre I，chapitre 31）。

19. Jean- Baptiste Eczet，*Amour vache. Esthétique sociale en pays Mursi*（*Éthiopie*），Paris，Mimesis，2019。

20. David Graeber 和 David Wengrow，*Au commencement était ... Une nouvelle histoire de l'humanité*，Paris，Les Liens qui libèrent，2021。

21. Philippe Descola，*Par- delà nature et culture*，Paris，Gallimard，2005。

22. 例如 Jared Diamond，*De l'inégalité parmi les sociétés. Essai sur l'homme et l'environnement dans l'histoire*，Paris，Gallimard，1997；和 Yuval Noah Harari，*Sapiens. Une brève histoire de l'humanité*，Paris，Albin Michel，2015。

23. David Graeber 和 David Wengrow，Au *commencement était ...*，*op. cit.*。

24. 這一書名乃 Lahontan 男爵 1703 年發表著作之名，David Graeber 和 David Wengrow 對此有細緻分析，見 *Au commencement était ...*，*op. cit.*。

25. Pierre Clastres，*La Société contre l'État*，Paris，Les Éditions de minuit，1974。

26. David Graeber 和 David Wengrow，*Au commencement était …*，*op. cit.*，頁 157。

27. 這一討論，我在對 David Graeber 和 David Wengrow 此作的書評中有所延伸（Alessandro Pignocchi，« Imaginer，expérimenter，bifurquer : les enseignements du passé»，*Terrestres*，2022）；Charles Stépanoff 的書評解讀更為細緻深入，« L'archéologue et l'anthropologue »，La Vie des Idées，2022。

28. Claude Lévi-Strauss，« On Dual Organization in South Amercia »，*America Indigena*，4（1），1944，頁 37-47；David Graeber 和 David Wengrow，*Au commencement était …*，*op. cit.*；James C. Scott，*Zomia ou l'Art de ne pas être gouverné*，Paris，Seuil，2013。

29. Alain Testart，*Les Chasseurs-cueilleurs ou l'origine des inégalités*，Paris，Société d'Ethnologie，1982。

30. Pierre Bourdieu，兩集系列廣播報導 « Une sociologie à l'écoute »，Les nuits de France Culture，2021〔重播，與 Françoise Malletra 訪談，France Culture，1997〕。

31. Dan Sperber 和 Hugo Mercier，*L'Énigme de la raison*，Paris，Odile Jacob，2021.

32. William Von Hippel 和 Robert Trivers，« The Evolution and Psychology of Self-Deception »，*Behavioral and Brain Sciences*，34（1），2011，頁 1-56.

33. William Balée，« Indigenous Transformations of Amazonian Forests : An Example from Maranhão，Brazil »，*L'Homme*，33（126-128），1993，頁 231-254。

34. 這是我博士論文研究的課題（Philippe Descola，*La Nature domestique. Symbolisme et praxis dans l'écologie des Achuar*，修訂新版及新增序言，Paris，Éditions de la Maison des sciences de l'homme，2019〔1986〕）。

35. John Fire Lame Deer，*De mémoire indienne*，Escalquens，Oxus，2016。

36. Anna Lowenhaupt Tsing，*Friction. Délires et faux-semblants de la globalité*，Paris，Les Empêcheurs de penser en rond，2020；Nastassja Martin，*Les Âmes sauvages*，*op. cit.*。

37. Bruno Latour，*Où atterrir? Comment s'orienter en politique*，Paris，La Découverte，2017。

38. Declaración sobre Kawsak Sacha - Selva Vivien te，Territorio sagrado del Pueblo Originario Kichwa de Sarayaku，Adoptada en la Asamblea del Pueblo Originario Kichwa de Sarayaku（關於 Sarayaku Qyechua 原住民神聖領地：Kawsak Sacha – 活森林之宣言），2012 年 12 月；https://tayjasaruta.wordpress.com/2016/11/28/declaracion/

39. 防衛區當然有很多處，但為了避免後續行文過於冗長，下文所稱「防衛區」« la Zad »

特指我最熟悉的 Notre-Dame-des-Landes 荒地聖母防衛區。

40. 無 名 氏，« Prise de terre（s），Notre-Dame-des-Landes，été 2019 »，發 表 於 *Lundi matin*，2019。

41. Scott Atran 及其團隊評估過出於實用理由，或出於個人自我構成，而投身戰鬥的決心會有怎樣的差別。例如說，他們比較了伊拉克正規軍（為軍俸和迫於上級壓力而戰）和 PKK 庫德工人黨的庫德人（出於某種「庫德族性」理念而戰），在對抗伊斯蘭國組職時的表現。法文綜述可參閱 Scott Atran，« Afghanistan : La volonté de se battre，cela ne s'achète pas »，*L'Obs*，23 août 2021。

42. Alessandro Pignocchi，*La Recomposition des mondes*，op. cit.

43. Documentaire d'Eliza Lévy，*Composer les mondes*，2020.

44. Baptiste Morizot，*Manières d'être vivant*，op. cit.

45. *Ibid.*

46. 參 閱 例 如 Émilie Hache，*Reclaim. Recueil de textes écoféministes*，Paris，Cambourakis，2016。

47. Léna Balaud 和 Antoine Chopot，*Nous ne sommes pas seuls*，op. cit.

48. Baptiste Morizot，*Raviver les braises du vivant. Un front commun*，Arles，Actes Sud，2020。

49. Karl Polanyi，*La Grande Tranifàrmation*，Paris，Gallimard，1983。

50. Sophie Gosselin 和 David Gé Bartolli，« COVID-19 : vers une gouvernementalité anthropocénique »，*Terrestres*，2020。

51. Marisol de la Cadena，« Indigenous Cosmopolitics in the Andes : Conceptual Reflections beyond Politics »，*Cultural Anthropology*，25（2），2010，頁 334-370。另 一 案 例，秘魯北部，可參閱 Fabiana Li，« Relating Divergent Worlds : Mines，Aquifers and Sacred Mountains in Peru »，*Anthropologica*，55（2），2013，頁 399- 411。

52. Sarah Vanuxem，*Des choses de la nature et de leurs droits*，Paris，Éditions Quae，2020；由泛靈主義視角看現代產權理念，可參閱 Marie-Angèle Hermitte，« Artificialisation de la nature et droit（s）du vivant »，dans Philippe Descola（編），*Les Natures en question*，Paris，Odile Jacob/Collège de France，2018，頁 257-284。

53. Daniel de Coppet，« ... Land Owns People »，收錄於 R. H. Barnes，Daniel de Coppet 和

Robert J. Parkin（編），*Contexts and Levels. Anthropological Essays on Hierarchy*，Oxford，Jaso，1985，頁 78-90。

54. Nicholas Georgescu-Roegen，*The Entropy Law and the Economic Process*，Cambridge（Mass.）/ Londres，Harvard University Press，1971；Philippe Descola，*La Nature domestique*，*op. cit.*。

55. Joan Martinez Alier，*L'Écologisme des pauvres. Une étude des conflits environnementaux dans le monde*，Paris，Les Petits Matins，2014。

56. Cora Du Bois，« The Wealth Concept as an Integrative Factor in Tolowa-Tututni Culture »，收 錄 於 Robert H. Lowie（ 編 ），*Essays in Anthropology Presented to A. L. Kroeber in Celebration of His Sixtieth Birthday*，Berkeley（Calif.），University of California Press，1936，頁 49-62。

57. Paul Bohannan 和 Laura Bohannan，*Tiv Economy*，Evanston（Ill.），Northwestern University Press，1968，頁 227-251。

58. « Aristote découvre l'économie »，此為 Karl Polanyi 作品之一章，Conrad M. Arensberg 和 Harry W. Pearson（ 編 ），*Trade and Market in the Early Empires. Economies in History and Theory*，Glencoe（Ill.），Free Press & Falcon's Wing Press，1957。

59. Aristote，*La Politique* 1，9，20。

60. 例如 Naturalistes en lutte 抗爭中的自然主義者於其官網發布的公開信 « La compensation ne doit pas être un droit à détruire »。

61. David Graeber 和 David Wengrow，Au *commencement était ...*，*op. cit.*。

62. Annette B. Weiner，*Inalienable Possessions : The Paradox of Keeping-While- Giving*，Berkeley（Calif），University of California Press，1992。

63. https://securite-sociale-alimentation.org/；Vincent Liegey 等人，*Un projet de décroissance*，Paris，Les Éditions Utopia，2013；Bernard Friot 和 Frédéric Lordon，*En travail. Conversation sur le communisme*，Paris，La Dispute，2021。

64. 例如韓國最近總統大選民主黨候選人就宣稱「沒有無條件基本收入，資本主義體系就無法繼續正常運作」。

65. Pierre Bourdieu，*Raisons pratiques. Sur la théorie de l'action*，Paris，Seuil，1994。

66. Philippe Descola，*La Nature domestique*，*op. cit.*

67. Marshall Sahlins，«La première société d'abondance »，*Les Temps modernes*，268，1968，頁 641-680。

68. Richard F. Salisbury，*From Stone to Steel: Economic Consequences of a Technological Change in New Guinea*，London ／ New York，Cambridge University Press，1962，頁 112-122。

69. 在這批開始深為自己的無能為力所苦之人的範疇中，可能得加上相當一部分國家中介組織。

70. Grégoire Chamayou，*La Société ingouvernable*，*op. cit.*。

71. Frédéric Lordon，*Vivre sans ? Institutions，police，travail，argent …*，Paris，La Fabrique，2019。

72. 見於法國生態部官網。

73. 感謝 INRAE 國立農業、食品及環境研究院的 Nicolas Martin 提供這一案例。

74. 參閱 Soulèvements de la terre 大地起義組織發表於 *Lundi matin* 的文章，« Marais Poitevin : la guerre de l'eau est déclarée ! »，2021 年 11 月 8 日。

75. Aurélien Berlan，*Terre et liberté. La quête d'autonomie contre le fantasme de délivrance*，Paris，La Lenteur éditions，2021。

76. 某些大型 NGO 非政府組織以多種方式支持這些抗爭，但目前至少就公開資訊而言，還是僅限於法律面向。這一策略曾經而且現在也還是有用的，不過或許有必要思考，到某個時候，轉入法律層次之外其他的行動模式，縱使這會讓相關 NGO 非政府組織或遲或早陷入消失的境地。

77. Jérôme Baschet 訪談錄，« Pour inaccepter l'inacceptable »，*Lundi matin*，2022 年 4 月 30 日。

78. 例如 Murray Bookchin，*L'Écologie sociale. Penser la liberté au-delà de l'humain*，Marseille，Wildproject，2020；Jérôme Baschet，*Basculements. Mondes émergents，possibles désirables*，Paris，La Découverte，2021；Le Comité invisible，L'Appel。

79. Jérôme Baschet，*La Rébellion zapatiste*，Paris，Flammarion，2019。

80. 關於義大利早期公社，可參閱 Chris Wickham，*Somnambules d'un nouveau monde. L'émergence des communes italiennes au XIIe siècle*，（Jacques Dalarun 譯），Bruxelles，Zones sensibles，2021。

81. James C. Scott，*Zomia*，*op. cit.*

82. James C. Scott，*L'Œil de l'État. Moderniser，uniformiser，détruire*，Paris，La

Découverte，2021。

83. Frédéric Lordon，*Vivre sans?*，*op. cit.*；Bernard Friot 和 Frédéric Lordon，*En travail*，*op. cit.*；Geoffroy de Lagasnerie，« Exister socialement. La vie au-delà de la reconnaissance »，收錄於 Édouard Louis（編），*Pierre Bourdieu，l'insoumission en héritage*，Paris，PUF，2016。

84. 參閱 Soulèvements de la terre 大地起義官網。

85. *Lundi matin*，« Marais Poitevin: la guerre de l'eau est déclarée ! »，前引文章。

86. 制度，正如 Frédéric Lordon 在 *Vivre sans ?*（*op.* cit.）中所說那樣，應當是 « mésomorphes » 的，就是說應該堅固到足以起到結構的作用，又有足夠的流動性才能一直保持在制度制定者的控制之下。

87. David Graeber 和 David Wengrow，Au *commencement était ...*，*op. cit.*。

88. Marcel Mauss，« L'Œuvre de Mauss par lui-même »，*Revue européenne des sciences sociales*，34（105），1996，頁 225-236。

89. Juliette Rousseau，*Lutter ensemble. Pour de nouvelles complicités politiques*，Paris，Cambourakis，2018。

90. Jacques Rancière，*La Mésentente. Politique et philosophie*，Paris，Galilée，1995。

91. *Ibid.*，頁 67。

92. *Ibid.* 頁 65。

93. Jérôme Baschet 曾引用，*Basculements*，*op. cit.*。

94. Philippe Descola，*Par-delà nature et culture*，*op. cit.*，頁 346-347。

95. Rane Willerslev，*Soul Hunters: Hunting，Animism，and Personhood among the Siberian Yukaghirs*，Berkeley（Calif.），University of California Press，2007，頁 89-90。

96. Eduardo Viveiros de Castro，*Métaphysiques cannibales*，*op. cit.*。

97. 參考 Scott Atran 及其團隊對神聖價值的研究，例如有：Morteza Dehghani 等人，« Sacred Values and Conflict over Iran's Nuclear Program »，*Judgment and Decision Making*，5（7），2010，頁 540-546。

98. Alessandro Pignocchi，*Mythopoïèse*，Paris，Steinkis，2020。

參 考 書 目

ALIER Joan Martinez, *L'Écologisme des pauvres. Une étude des conflits environnementaux dans le monde*, Paris, Les Petits Matins, 2014.

ATRAN Scott, « Afghanistan: La volonté de se battre, cela ne s'achète pas », *L'Obs*, 23 août 2021.

BALAUD Léna et CHOPOT Antoine, N*ous ne sommes pas seuls. Politique des soulèvements terrestres*, Paris, Seuil, 2021.

BALÉE William, « Indigenous Transformations of Amazonian Forests: An Example from Maranhão, Brazil », *L'Homme*, 33 (126-128), 1993, p. 231-254.

BARTH Fredrik, *Nomads of South Persia: The Basseri Tribe of the Khamseh Confederacy*, Boston (Mass.), Little, Brown and Company, 1961.

BASCHET Jérôme, *Basculements. Mondes émergents, possibles désirables*, Paris, La Découverte, 2021.

BASCHET Jérôme, *La Rébellion zapatiste*, Paris, Flammarion, 2019.

BERLAN Aurélien, *Terre et liberté. La quête d'autonomie contre le fantasme de délivrance*, Paris, La Lenteur éditions, 2021.

BOHANNAN Paul et BOHANNAN Laura, *Tiv Economy*, Evanston (Ill.), Northwestern University Press, 1968, p. 227-251.

BOOKCHIN Murray, *L'Écologie sociale. Penser la liberté au-delà de l'humain* (traduit, édité et postfacé par Marin Schaffner), Marseille, Wildproject, Domaine sauvage, 2020.

BOURDIEU Pierre, *Raisons pratiques. Sur la théorie de l'action*, Paris, Seuil, 1994.

BOURDIEU Pierre, « Ne quittez pas l'écoute », entretien avec Françoise Malletra, France Culture, 1997, redif. dans « Une sociologie à l'écoute », Les nuits de France Culture, 2021.

CADENA Marisol de la, « Indigenous Cosmopolitics in the Andes: Conceptual Reflections beyond Politics », *Cultural Anthropology*, 25 (2), 2010, p. 334-370.

CHAMAYOU Grégoire, *La Société ingouvernable. Une généalogie du libéralisme autoritaire*, Paris, La Fabrique, 2018.

CLASTRES Pierre, *La Société contre l'État*, Paris, Les Éditions de minuit, 1974.

COPPET Daniel de, «...Land Owns People », dans R. H. Barnes, Daniel de Coppet et Robert J. Parkin (eds), *Contexts and Levels. Anthropological Essays on Hierarchy*, Oxford, Jaso, 1985 p. 78-90.

COSTA Antoine, « Lithium : l'État veut ouvrir des mines en Bretagne », *Reporterre*, 2022.

DÉCLARATION de Sarayaku: https://tayjasaruta.wordpress.com/2016/11/28/declaracion/

DEHGHANI Morteza, ATRAN Scott, ILIEV Rumen, SACHDEVA Sonia, MEDIN Douglas et GINGES Jeremy, « Sacred Values and Conflict over Iran's Nuclear Program », *Judgment and Decision Making*, 5 (7), 2010, p. 540-546.

DESCOLA Philippe, Les Lances du crépuscule. Relations jivaros. Haute Amazonie, Paris, Plon, 1993.

DESCOLA Philippe, *Par-delà nature et culture*, Paris, Gallimard, Bibliothèque des sciences humaines, 2005.

DESCOLA Philippe, *La Nature domestique. Symbolisme et praxis dans l'écologie des Achuar*, nouvelle édition revue et augmentée d'une préface, Paris, Éditions de la Maison des sciences de l'homme, 2019 [1986]).

DESPRET Vinciane, *Habiter en oiseau*, Arles, Actes Sud, 2019.

DIAMOND Jared, *De l'inégalité parmi les sociétés. Essai sur l'homme et l'environnement dans l'histoire*, Paris, Gallimard, 1997.

DU BOIS Cora, « The Wealth Concept as an Integrative Factor in Tolowa-Tututni Culture », dans Robert H. Lowie (ed.), *Essays in Anthropology Presented to A. L. Kroeber in Celebration of His Sixtieth Birthday*, Berkeley (Calif.), University of California Press, 1936, p. 49-62.

ECZET Jean-Baptiste, *Amour vache. Esthétique sociale en pays Mursi (Éthiopie)*, Paris, Mimesis, 2019.

FIRE LAME DEER John, *De mémoire indienne*, Escalquens, Oxus, 2016.

FRIOT Bernard et LORDON Frédéric, *En travail. Conversation sur le communisme*, Paris, La Dispute, 2021.

GEORGESCU-ROEGEN Nicholas, *The Entropy Law and the Economic Process*, Cambridge (Mass.)/ Londres, Harvard University Press, 1971.

GOSSELIN Sophie et GÉ BARTOLI David, « COVID-19 : vers une gouvernementalité anthropocénique », Terrestres, 2020.

GRAEBER David et WENGROW David, *Au commencement était... Une nouvelle histoire de l'humanité*, (trad. Elise Roy), Paris, Les Liens qui libèrent, 2021.

HACHE Émilie, *Reclaim. Recueil de textes écoféministes*, Paris, Cambourakis, 2016.

HARARI Yuval Noah, *Sapiens. Une brève histoire de l'humanité*, Paris, Albin Michel, 2015.

HERMITTE Marie-Angèle, « Artificialisation de la nature et droit(s) du vivant », dans Philippe Descola (dir.), *Les Natures en question*, Paris, Odile Jacob/Collège de France, 2018, p. 257-284.

LAGASNERIE Geoffroy de, « Exister socialement. La vie au-delà de la reconnaissance », dans Édouard Louis (dir.), *Pierre Bourdieu, l'insoumission en héritage*, Paris, PUF, 2016.

LATOUR Bruno, *Où atterrir? Comment s'orienter en politique*, Paris, La Découverte, 2017.

LÉVI-STRAUSS Claude, « On Dual Organization in South Amercia », *America Indígena*, 4 (1), 1944, p. 37-47.

LI Fabiana, « Relating Divergent Worlds: Mines, Aquifers and Sacred Mountains in Peru », *Anthropologica*, 55 (2), 2013, p. 399-411.

LIEGEY Vincent, MADELAINE Stéphan, ONDET Christophe, VEILLOT Anne- Isabelle et ARIÈS Paul, *Un projet de décroissance*, Paris, Les Éditions Utopia, 2013.

LORDON Frédéric, *Vivre sans? Institutions, police, travail, argent...*, Paris, La Fabrique, 2019.

LORDON Frédéric, « Pleurnicher le vivant », blog La pompe à Phynance, 2021.

LORDON Frédéric, « Leur société et la nôtre », blog La pompe à Phynance, 2022.

MARIETTE Maëlle, « Deux mondes paysans qui s'ignorent », *Le Monde diplomatique*, avril 2021 p. 18-19.

MARTIN Nastassja, *Les Âmes sauvages. Face à l'Occident, la résistance d'un peuple d'Alaska*, Paris, La Découverte, 2016.

MAUSS Marcel, 1996, « L'Œuvre de Mauss par lui-même », *Revue européenne des sciences sociales*, 34 (105), 1996, p. 225-236.

MONTAIGNE Michel de, « Des cannibales », *Essais*, livre I, chapitre 31.

MORIZOT Baptiste, *Manières d'être vivant. Enquêtes sur la vie à travers nous*, Arles, Actes Sud, 2020.

MORIZOT Baptiste, *Raviver les braises du vivant. Un front commun*, Arles, Actes Sud, 2020.

PIGNOCCHI Alessandro, *Anent. Nouvelles des Indiens jivaros*, Paris, Steinkis, 2016.

PIGNOCCHI Alessandro, *La Recomposition des mondes*, Paris, Seuil, coll. « Anthropocène », 2019.

PIGNOCCHI Alessandro, *Petit traité d'écologie sauvage*, (3 tomes), Paris, Steinkis, 2020.

PIGNOCCHI Alessandro, *Mythopoïèse*, Paris, Steinkis, 2020.

PIGNOCCHI Alessandro, « Imaginer, expérimenter, bifurquer : les enseignements du passé », *Terrestres*, 2022.

POLANYI Karl, *La Grande Transformation*, Paris, Gallimard, 1983.

POLANYI Karl, ARENSBERG Conrad M. et PEARSON Harry W. (eds), *Trade and Market in the Early Empires. Economies in History and Theory*, Glencoe (Ill.), Free Press & Falcon's Wing Press, 1957.

POUPEAU Franck, « Ce qu'un arbre peut véritablement cacher », *Le Monde diplomatique*, septembre 2020, p. 22-23.

RANCIÈRE Jacques, *La Mésentente. Politique et philosophie*, Paris, Galilée, 1995.

ROUSSEAU Juliette, *Lutter ensemble. Pour de nouvelles complicités politiques*, Paris, Cambourakis, 2018. 641-680.

SAHLINS Marshall, « La première société d'abondance », *Les Temps modernes*, 268, 1968, p.

SALISBURY Richard F., *From Stone to Steel: Economic Consequences of a Technological Change in New Guinea*, Londres/New York, Cambridge University Press, 1962, p. 112-122.

SCOTT James C., *Zomia ou l'Art de ne pas être gouverné*, Paris, Seuil, 2013.

SCOTT James C., *L'Œil de l'État. Moderniser, uniformiser, détruire, Paris*, La Découverte, 2021.

SOULEVÈMENTS DE LA TERRE, « Marais Poitevin: la guerre de l'eau est déclarée ! », Lundi matin, 2021.

SPERBER Dan et MERCIER Hugo, *L'Enigme de la raison*, Paris, Odile Jacob, 2021.

STEPANOFF Charles, « L'archéologue et l'anthropologue », La Vie des Idées, 2022.

TESTART Alain, *Les Chasseurs-cueilleurs ou l'origine des inégalités*, Paris, Société d'Ethnologie, 1982.

TODOROV Tzvetan, *La Conquête de l'Amérique. La question de l'autre*, Paris, Seuil, 1982.

TSING Anna Lowenhaupt, *Friction. Délires et faux-semblants de la globalité*, Paris, Les Empêcheurs de penser en rond, 2020.

VANUXEM Sarah, *Des choses de la nature et de leurs droits*, Paris, Éditions Quæ, 2020.

VIVEIROS DE CASTRO Eduardo, *Métaphysiques cannibales. Lignes d'anthropologie post-structurale*, Paris, PUF, 2009.

VON HIPPEL William et TRIVERS Robert, « The Evolution and Psychology of Self-Deception », *Behavioral and Brain Sciences*, 34 (1), 2011, p. 1-56.

WEINER Annette B., *Inalienable Possessions: The Paradox of Keeping-While-Giving*, Berkeley (Calif.), University of California Press, 1992.

WICKHAM Chris, *Somnambules d'un nouveau monde. L'émergence des communes italiennes au XII siècle*, (trad. Jacques Dalarun), Bruxelles, Zones sensibles, 2021.

WILLERSLEV Rane, *Soul Hunters: Hunting, Animism, and Personhood among the Siberian Yukaghirs*, Berkeley (Calif.), University of California Press, 2007, p. 89-90.

譯者後記

　　菲利普・德斯寇拉（Philippe Descola）作為法蘭西學院（Collège de France）人類學教授、師承李維史陀的美洲印地安研究大家、「四大存有論」學說的發明人，無疑可謂當今學界最為知名的人類學者。今年年底他將應邀訪台，參與一系列有關氣候變遷、生態危機的台法文化交流活動。在法國在台協會與無境文化出版的積極籌劃下，譯出這本他 2022 年發表的最新作品 *Ethnographies des mondes à venir*《將來世界民族誌》，是希望交流當中台灣讀者不必「但知其名，未聞其聲」，讓交流能夠落實深入。

　　這本書在德斯寇拉的作品當中相當特別。因為它不是一部學術專著，甚至也不是他作為學者的個人論述，而是一分別開生面的跨界思想對談錄。受過哲學訓練、兼具人類學素養的生態運動者、漫畫家亞歷山德羅・皮諾紀（Alessandro Pignocchi）的參與，甚至是主導，使這本書在議題設定、論述方式以及學理探討上都有別於標準規格的學術著作。書中兩位作者以各自的學思生命經驗為基底，由充滿時代性、現實感的問答對話帶動思考，內容樸實而不乏深刻乃至尖銳之處。既有對當代西方生態思想、學術研究成果的介紹與討論，又有聯繫現實案例的脈絡爬梳與理路分析。觀點新穎前衛，頗為生動地展現了法國知識界與公民社會由思維範式轉換的角度，切入環保議題在思想實踐層面的活力。而對話之外穿插其間的漫畫，更是別具幽默諧趣地呈現了作者對當代社會的另類反思與批判。

　　在這場對談當中，兩位作者介紹了德斯寇拉最為人關注的四大存有觀類型分類理論，即泛靈主義、自然主義、類比主義、圖騰主義，以及各自的主要特徵，並特別對「自然主義」的概念及其與當代人類生態危機的關聯加以說明。他們引述多種歷史學、人類學研究成果，對主流的社會進化論提出了質疑，梳理了自然主義存有論與資本主義發展之間的歷史共構關係，闡述了資本主義經濟循環模式、普遍化的

經濟通約原則在形塑經濟主義霸權之時，對世界產生的宰制與破壞效應，並討論了在當代生態危機情境下我們應當嘗試的思維範式轉移，尤其是在對待非人生命的方式上，如何從各個方面，包括在法律制度層次，做出改變。

而皮諾紀作為環境運動的積極參與者，則特別介紹了法國當代環保抗爭行動的標竿案例，反西部機場開發案的荒地聖母防衛區（ZAD de Notre-Dame-des-Landes）是如何創造實踐了新型生態關係的組織與互動。兩人還擴充討論了幾個不同的自治領土案例，包括東南亞高地的自治聚落、南美的恰帕斯（Chiapas）社群等，以觀察國家結構之外的自治組織模式對生態關係可能具有的革新意義。最後，他們還討論了諸如普世收入這樣的政策方案，以及跳脫經濟通約邏輯的生命價值觀可能的實踐方式，指出今日世界的普世價值範式需要走出現代人類中心主義前提下的個人主義型態，轉而提倡所謂相對普世，即以關係為基礎的價值再定義。

而以民族誌研究、人類學思考為切入點的這場對談，還著力闡發了人類學思維內在的顛覆效應。兩位作者認為，從田野工作到理論建構，人類學方法與思路上兩個層次的「對稱化」，能引導我們這些生於自然主義及資本主義世界的人進入不同的認知模式，嘗試走出客觀主義幻覺，從而開啟應對今日生態危機必須的思想範式的轉變。

如此駁雜的當代思辨議題，因為以對談方式展開，或許在分析論證上未必充分詳盡，但是深入淺出、簡明扼要的優點也很明顯。而閱讀此書，讀者應該不難感受到一種彷彿身臨其境的親切感，這恐怕正是其最具特色之處，即對談本身的話語特質：一場坦誠開放的思想交流，從資訊的提供到觀點的碰撞融會，都可以給讀者帶來思考的衝擊。當中既有知識的擴增、視野的轉換，也有對等溝通現場感的快樂與自在。這一話語質性，與表述的觀點、推動的主張有種內在的契合關聯。德斯寇拉作為知名學者，示範的社會參與因此對我們可以具有相當的啟發性。而皮諾紀展現的好奇心、開放度與理想性，則無疑也是當代歐洲生態主義行動者整體動能的一次具現例證，同樣值得我們借鑒。

此書值得我們注意的另一大特色則是兩位作者本人及其討論議題與現實生態政治的高度關聯性。尤其是自今年三月法國反水資源私有化「超級大池」的遊行示

威過程中發生嚴重警民衝突後，法國政府對激進生態運動集體「地球起義」（Les Soulèvements de la Terre）發出禁制警告，經過三個月的反反覆覆，最終在總統本人授意之下於六月二十一日由內閣會議下令強制解散，創下法國史上第一起生態運動團體遭政府勒令解散的先例。本書兩位作者在這起事件整個過程當中，積極聲援抗爭行動，投書媒體、接受訪談、參與連署，明確反對政府決定。鑒於勒令解散的決定竟然基於反恐法規《反分裂主義》法，而內政部長本人一度還給環保群體扣上「生態恐怖主義」的帽子，可知法國（甚至歐洲）社會在就環境危機、氣候變遷、生態浩劫的認知理解與應對主張上，存在著怎樣嚴重的分歧與對立。當以「公民不服從」、「抵抗」、「破壞」等激烈行動為主要抗爭方式的當代激進環保運動，遭批評者指為「暴力化」、「意識形態化」的非議之時，可能也只有繼續深入反思現代性、堅持批判經濟主義霸權、揭露資本主義及其政治附庸對地球生態與人類處境造成的破壞與傷害，亦即是繼續強化論述的組織與觀念的傳播，維繫社會意識的醒覺和集體動員的力量，才是可能帶來範式轉變的唯一路徑，亦是當代人文思想理應篤力推進的一項工作。

　　而這一覆蓋全球、攸關萬物的時代命題，台灣亦難自外。此書的翻譯出版希望也可以是一種參與。

宋剛

癸卯六月初四於巴黎

社會政治
批判叢書
019

無境文化─人文批判系列【奪朱】

將來世界民族誌

Ethnographies des mondes à venir

作者｜Philippe Descola 菲利普・德斯寇拉／Alessandro Pignocchi 亞歷山德羅・皮諾紀
譯者｜宋剛
美術設計｜楊啟巽工作室
電腦排版｜辰皓國際出版製作有限公司
印刷｜辰皓國際出版製作有限公司

出版｜Utopie 無境文化事業股份有限公司
精神分析系列｜總策劃｜楊明敏
人文批判系列｜總策劃｜吳坤墉

地址｜802高雄市苓雅區中正一路120號7樓之1
信箱｜edition.utopie@gmail.com

總經銷｜大和圖書書報股份有限公司
地址｜248 新北市新莊區五工五路2號
電話｜(02)8990-2588

一版｜2023年09月
定價｜480元
ISBN 978-626-96091-9-2

國家圖書館出版品預行編目 (CIP) 資料

將來世界民族誌 / 菲利浦・德斯寇拉 (Philippe Descola),
亞歷山德羅・皮諾紀 (Alessandro Pignocchi) 作 ; 宋剛翻譯 . -- 一版 . -- 高雄市 :
無境文化事業股份有限公司 , 2023.09
面 ； 公分 . -- ((奪朱) 社會政治批判叢書 ; 19)
譯自 : Ethnographies des mondes à venir
ISBN 978-626-96091-9-2(平裝)

1.CST: 人類生態學 2.CST: 生態危機　　391.5　　　　112011809

UTOPIE